차례

저자서문
핸드 메이드 & 디자인 메이드(Hand-made & Design-made) ... 006

건축은 사람을 위해 존재해야 한다
사람을 위한 건축 ... 010
관계설정 ... 012
연결공간 ... 013
집은 건축주를 닮아간다 ... 015
공간도 사람도 따뜻한 집; Y하우스 인터뷰 ... 016
사람의 정겨움이 내려앉은 돌계단, 자연이 싹트는 비밀정원; ... 022
클리프하우스 인터뷰

자연은 인간에게 많은 경험을 가져다 준다
인간의 오감을 자극하는 자연 속 건축 ... 028
그늘공간 ... 032
중용석 공간 ... 034
자연 속 온건축 ... 036

탄화노출콘크리트
탄화건축; 불의 건축 ... 042
탄화노출콘크리트 ... 044
콘크리트 10년의 기록 ... 048

Y하우스 ... 066
타워하우스 ... 080
산전리주택 ... 092
클리프하우스 ... 106
▪ ☐ 점 ... 122

(주)온건축사사무소
온건축 구성원 ... 136
온건축의 여정에 함께 해주신 분들 ... 138
프로젝트 연혁 ... 140

핸드 메이드 & 디자인 메이드(HAND-MADE & DESIGN-MADE)

현대 사회가 제4차 산업혁명의 시기에 접어들고 지속적으로 변화를 거듭하지만, 역사적으로 변하지 않을 작업 중 하나는 바로 건축일 것이다. 인공지능을 통한 혁신적인 제품이 발명되고 시스템이 개발되고 있어도 예부터 사용된 벽돌은 여전히 건축현장에서 사용되고 있으며 사람이 직접 손으로 쌓아서 집을 완성하고 있다. 4차 산업혁명이 이루어지면서 많은 직업이 사라질 것이라고 예측하고 있지만 건축분야는 유망한 직업군으로 발표되었다. 나는 그 이유를 건축이 '창의적인 영역'이기 때문이라고 생각한다. 내가 생각하는 창의적 영역들의 공통점은 사고와 사유의 결과물이 사람의 손끝에서 창조된다는 것이다. 건축은 컴퓨터나 자동차 생산과 다르게 각기 다른 장소의 현장에서 수백 개의 공정을 거치면서 각각의 작업자들이 협력을 통하여 완성하는 공간의 시스템을 담은 수공예품과 같다. 우리는 이렇게 사람의 손으로 직접 공예품을 만드는 것을 Hand-made라고 한다. 아마 먼 미래에도 건축은 이 Hand-made 영역에 오래도록 남아 있을 것이다.

우리가 자주 사용하는 design(디자인)은 프랑스어인 dessin, 이탈리아어 disegno에서 유래되었으며, 라틴어 designare에 뿌리를 두고 있다. designare는 '계획하다'와 '표시하다' 그리고 '지정하다'라는 의미를 가지고 있다. 그래서 design의 근본적인 의미는 어떤 일을 계획하고 표현하는 행위와 생각한 일을 규정하는 것을 말한다. 건축에서 design이라고 하면 건축물을 단순히 아름답게 만드는 행위라고 생각하지만, 나는 다른 관점에서 생각해보고자 한다. 건축은 단순히 하나의 대상으로만 존재하는 것이 아니라 그 결과물을 인간이 이용하며 삶 속에서 서로 상호작용하는 관계를 형성하는 시간의 산물로 존재한다. 어떤 건축은 사람의 일상에 활력을 주고, 삶의 패턴까지 변화시킨다. 또 어떤 건축은 역사의 한 줄이 되어 지속적으로 이야기를 생성하며 사람들의 삶에 영감을 불어넣어 준다.

이러한 이유 때문에 건축에서 design을 한다는 것은 인간의 삶과 관계를 설정하는 결과물을
가치 있게 구현하기 위한 새로운 목적과 방법을 기획하고 표현하는 모든 행위 및 창조
작업을 뜻하는 것이다.
건축을 행하는 데 있어, 모든 과정을 효율적인 가치로 디자인함으로 인하여, 누구나 좋은
건축물을 만들고 이용할 수 있는 균등한 기회를 가질 수 있다. 이를 통하여 인간은 서로를
이해할 수 있는 소통적 관계를 형성할 수 있다.

나는 design을 위해 건축 과정 속에서 사람의 손으로 할 수밖에 없는 작업들을 오랫동안
눈여겨보았다. 목수들은 콘크리트를 타설하기 위해 수많은 작업들을 직접 손으로
수행하여야 하며 마감을 하기 위해 수많은 목재들 및 재료들을 다루어야 한다. 타일공은
타일 한 장 한 장을 직접 붙여야 하며 조적공은 벽돌을 한 장 한 장 손수 쌓아서 올리는
노력의 시간을 투자해야 한다. 또한, 도장공은 곧은 면을 만들기 위하여 표면 사포질을 하고
페인트칠을 손수 하여야 한다. 이러한 수많은 작업들의 과정을 살펴보면 건축은 사람의
손으로 직접 작업하는 거대한 Hand-made의 집합체이다.

나는 사람의 손으로 직접 만드는 영역을 의미있게 기획하고 새롭게 계획하여 가치있는
결과물을 창조한다는 의미에서 hand-made와 design의 합성어인 Design-made라는
개념을 정의하고자 한다. 우리는 Design-made 과정을 통한 건축 작업이 더 좋은 공간을
창조할 수 있게 하며, 그 공간을 이용하는 사람들까지 더 큰 행복을 느낄 수 있게 한다는
것을 깨달았다. 이러한 Design-made 개념을 구현하기 위하여 우리는 여러 가지 건축적
실험을 통해 다양한 건축개념을 만들어 가고 있다. 우리의 탐구와 실험이 많은 건축주들과
사용자 및 이용자들에게 가치있는 행복을 가져다 주기를 희망한다.

건축은 사람을 위해 존재해야 한다

사람을 위한 건축

베르나르 베르베르의 '개미'를 읽으면, 개미의 사회와 인간의 사회 사이 여러 가지 공통점에 대해 생각해 볼 수 있다. 이 둘을 연결하는 가장 중요한 공통점은 다양성이 존재하는 공동화된 사회라는 것이다. 개미가 땅속에 집을 축조하는 방법과 인간이 땅 위에 집을 축조하는 방법은 매우 흡사해 보인다. 공동의 작업을 통하여 공동의 사회를 만드는 이 과정이 인간은 결국 홀로 존재할 수 없음을 대변한다. 건축은 사회에 속한 개별 존재들 사이에서 공동의 관계를 창조하는 작업의 결과물이다. 이는 곧 사람과 사람 사이의 관계와 소통을 통하여 건축물이 만들어짐을 의미한다.
역사적으로 "건축은 예술인가?" 라는 질문에 많은 건축가들이 답하고 있지만 나의 대답은 "건축은 사람을 위한 예술"이다.

하나의 건축물을 통해 생성되는 인간관계가 있다. 건축주, 사용자, 이용자. 이 세 종류의 주체가 있어야 건축은 그 존재의 역할을 해낼 수 있다. 나는 건축물을 가장 초기에 의뢰하고 소유하는 주체인 건축주 이와 다른 개념인 사용자와 이용자를 다음과 같이 정의한다.
- 건축주 : 건축물을 최초 의뢰하고, 존재가치를 만들어 내는 자
- 사용자 : 건축물을 사용하고 있는 동안 그 건축물의 주체가 되는 자
- 이용자 : 건축물을 방문하여 그 건축물을 이용하는 사람들

우리는 건축물을 매개로 건축주와 사용자 그리고 이용자가 서로 어떤 관계를 형성하여 공동화된 사회를 구축할지 예측해 볼 수 있다. 그래서 건축은 순수 예술이라기보다 사람을 위한 예술이라고 할 수 있으며 사용자 및 이용자들은 건축이라는 공간을 통해 서로 소통하며 교류한다. 이러한 과정 속에서 이 둘의 관계가 다양하게 연결된다. 건축이 사람을 위한 예술이라고 하는 위대한 이유가 여기에 있다. 사람과 사람 사이의 관계를 형성하는 데 있어 영향을 미칠 수 있고, 개개인의 존재 이유를 건축 공간 속에서 형성하게 할 수도 있기 때문이다.

좋은 건축 공간은 좋은 사람들(사용자와 이용자)을 만들고 좋은 사람(건축주)은 좋은
건축공간을 만들 수 있다. 좋은 건축공간이 되기 위해서는 건축주의 생각을 잘 공유하고
사용자와 이용자와의 관계를 잘 설정하여야 한다. 그러기 위해서는 건축주와의 소통이
무엇보다 중요하다. 건축가는 건축주의 생각을 건축적으로 대변하는 대변인이며 사용자와
이용자의 관계를 배려해야 하는 존재이다. 건축의 모든 과정은 사람의 손이 스쳐야만 하는
수공예적인 작업이므로, 모든 작업자들과의 소통 또한 매우 중요하다. 이러한 과정을 거쳐
만들어진 좋은 공간은 결국 건축주와 사용자 및 이용자인 사람들 모두를 행복하게 만든다.
세월이 흘러도 변하지 않는 진리는, 과거의 좋은 공간은 지금도 좋은 공간이고 지금의 좋은
공간은 미래에도 좋은 공간이라는 것이다. 공간의 기능은 바뀌어도 공간이 가진 감성은
변할 수 없는 것이기 때문이다.

우리의 사회는 경제 개발이라는 명분하에 공간의 가치에 대하여 생각할 겨를이 없었다.
그러다 보니 건축주와 건축가는 획일화된 건축적 공간을 생산하는 주체가 되었고 사용자와
이용자의 관계를 생각할 여유가 없었다. 이렇게 획일화된 공간에서 삶을 살아온 사람들은
공동체 사회의 다양한 관계에 익숙하지 못하며 획일화된 경험으로 창의성이 상실될
가능성이 크다. 흔히들 교육이 백년지대계라고 하는 것처럼 좋은 건축공간을 만드는
것 또한 백년지대계이다. 한번 만들어진 건축물은 그것을 파괴하지 않는 이상 세상에
존재하면서 사용자와 이용자들의 삶에 막대한 영향을 미친다.

그래서 건축은 사람을 위해 존재해야 한다. 그리고 사람을 위한 좋은 건축 공간은 서로
소통하는 절대적이면서 상대적인 존재가 되어야 한다.

관계설정

인간은 공동화된 사회 속에서 존재하는 하나의 개별적 존재이고 자연은 개별단위가 서로 연결되어 작용하는 거대한 하나의 생명체이다. 인간이든 자연이든 각 개별 단위들은 각자의 고유한 성격과 특성을 가지고 있다. 흔히들 물과 기름은 섞이지 않는 물질로 알고 있다. 이 둘을 억지로 섞어서 융합하는 순간 개별의 고유한 성격은 사라지고 관계는 애매모호하게 변질된다. 사회 여러 분야에서 인공지능을 통한 융합이 이루어지고 있다. 이렇게 고유성을 상실한 방법으로 융합되는 것이 가치있는 것인지 생각해 볼 필요가 있다. 자연은 하나가 아닌 둘 이상이 항상 같이 존재해 왔다. 사람도 혼자가 아니라 두 명 이상이 사회 속에 함께 존재한다. 건축도 마찬가지의 성질을 지니고 있다. 각각의 개별 단위들이 서로의 고유성을 상실한 채 하나로 융합되기보다 고유성을 유지하면서 관계를 정립하는 것을 '관계설정'이라고 정의한다.

우리는 이러한 관계설정으로 새로운 다양성을 창조할 수 있다. 물과 기름의 성질을 유지한 채 어떻게 한 용기 안에서 서로의 위치를 유지할 것인지가 둘의 관계를 의미있게 설정하는 방법이다. 이 과정을 통하여 물과 기름의 다양한 융합방법을 발견할 수 있으며 새로운 발견은 새로운 사회적 시스템으로 구축될 수 있다.

나는 관계를 설정하기 위한 중요한 방법으로 외부공간과 내부공간의 관계에 흥미를 가지고 있다. 외부공간과 내부공간, 서로의 성질이 희석되어진 관계가 아니라 외부공간은 외부답게 내부공간은 내부답게 구성되어지면서 다양한 관계를 설정할 수 있다고 생각한다. 현대건축은 내부공간 중심으로 구성되고 있지만 나는 외부공간을 중심으로 내부공간의 관계를 설정하는 방법을 통하여 다양한 가능성을 모색할 수 있다고 본다.

사람은 외부공간을 중심으로 관계를 설정할 때 더욱 소통적인 관계를 유지할 수 있다. 외부공간을 중심으로 사용자와 이용자가 관계를 설정하여 공간과 시스템을 구축하고, 공간과 시스템이 관계를 설정하여 건축과 도시를 구축하고, 건축과 도시가 관계를 설정하여 사람과 사람이 사는 고유성을 가진 소통하는 자연의 관계를 만들 수 있다. 이렇듯 관계를 설정하기 위해서는 각각의 존재가 가진 고유성을 인정하며 서로 소통해야 한다. 이를 통해 우리는 이상적인 관계를 설정할 수 있는 새로운 사회를 만들 수 있다.

연결공간

지금 우리의 사회는 정보통신의 발달로 수많은 정보들을 서로 공유하고 따로 떨어져 있는 세상을 하나로 연결하고 있다. 또한 뇌과학의 발달로 뉴런(신경세포)들이 어떻게 서로 연결되어 정보를 공유하고 반응하며 사고하는지 알아가고 있다. 이 두 과학의 발달로 인공지능의 개념이 사회 전반에 자리 잡고 있으며 이 사회를 거대한 생명체처럼 하나로 연결하고 있다. 이처럼 서로 다른 두 가지 이상의 것을 하나로 묶는 작업을 연결이라고 한다. 인간의 존재감과 이성이 중요하던 시대에는 공간의 독립성이 무엇보다 중요하였지만 지금처럼 사회가 하나로 연결되고 다양성이 중요한 시대에는 서로 공유할 수 있는 연결성이 더욱 중요하다. 이렇게 서로 다른 공간 및 프로그램이 공유하도록 만들어진 공간을 '연결공간'이라 정의한다.

연결공간을 통하여 우리는 둘 이상의 대상에 새로운 공유 방법을 모색할 수 있고 이를 통해 단절된 관계를 회복할 수도 있다. 또한, 연결공간은 새로운 프로그램을 제공하여 서로 다른 대상에게 구성방식을 제안할 수도 있으며, 하나의 성격으로 규정되어진 공간으로 사용될 수도 있으면서 다목적의 다양한 공간으로 변화될 수 있는 성격을 가지고도 있다. 연결공간으로 연결된 둘 이상의 대상이 개별성을 가진 공간과 공간, 프로그램과 프로그램, 시스템과 시스템 그리고 도시와 도시가 되어, 서로 연결하고 소통할 수 있는 가능성을 가지게 될 것이다. 이 연결공간은 서로 다른 개별성을 가진 두 요소가 동시에 존재하는 영역이다.

우리는 다양한 방법으로 서로 공유하는 연결공간을 창조할 수 있고 이 과정 속에서 사람과 사람 사이의 관계설정을 통해 소통을 회복할 수 있다. 나아가 사람이 사는 지역과 지역의 관계설정을 통해 단절된 사회와의 소통도 이룰 수 있다. 지역과 지역은 고유성을 유지한 채 하나의 신경세포망처럼 서로 연결되어 지역의 개별성과 가치관을 형성하고 가능성을 모색할 것이다. 이는 사회적, 경제적, 문화적인 공동체 삶을 회복하고 서로 소통할 수 있는 '지역재생'을 가능하게 할 것이다.

집은 건축주를 닮아간다

항상 주택이 완성되고 나면 느끼는 것은 완성된 주택의 공간과 이미지가 건축주를 많이 닮아
있다는 것이다. 이 주택들 또한 자신의 분야에서 소신을 가지고 살아오신 소박하고 너그러운
건축주들을 많이 닮아있다.
얼마 전 보람을 느낀 일이 하나 있다. 한 건축주분이 자신의 주택을 설명할 때 이 집의
창호가 어디 제품이고 집이 몇 평이고 마감자재가 어떤 것인지, 아파트처럼 구조가 어떤지에
대한 설명을 하는 것이 아니라 이 집의 개념과 공간, 왜 이 공간을 만들었는지 그리고 어떻게
이 공간을 사용하고 있는지 등에 관해 설명을 한 것이다.
좋은 주거가 무엇인지에 대한 건축주분들의 인식이 변화하고 있다는 긍정적인 신호로
보인다. 물론 불편한 공간도 있을 것이다. 하지만, 건축주들에게 좋은 공간이 삶의 방식을
어떻게 바꿀 수 있는지 생각하고 느끼게 하는 하나의 사회적 변화가 시작된 것이라고 본다.
이 집들이 건축주들의 제2의 인생에 건강한 행복과 추억을 가져다주기를 희망한다.

공간도, 사람도 따뜻한 집; Y하우스 건축주와의 대화

집을 짓고 사신지 3년 정도 되셨죠. 사실 이전 집과 비교했을 때 위치는 같지만 건물만 달라졌어요. 새로 집을 짓고 나서 생활방식이 달라지셨나요?

지금 집은 예전에 살았던 집과 공간이 완전히 달라요. 정돈된 공간에서 생활하다 보니 부지런해진 것 같아요. 주위 환경이 지저분해지면 사람이 대충대충 사는 경향이 있는데, 집이 좋아지니 집을 잘 가꾸고 돌보느라 부지런해진 것이죠. 이 집을 지은 후에 생활 패턴과 삶의 마음가짐이 완전히 달라졌어요. 가끔 구경하러 오는 사람도 더러 있고, 그런 사람들이 와서 '좋다!'라고 하는 말을 들으면 굉장히 기분이 좋아요.

집 안에도 많은 장소와 공간이 있죠. 가장 애정이 가는 공간은 어디인가요?

거실 공간이 가장 좋아요. 아무래도 잠을 잘 때 빼고는 일상적으로 가장 많이 사용하는 공간이고, 다양한 경치를 즐길 수 있기 때문이죠. 특히 이곳에 앉아있으면, 어느 순간 동서남북의 자연을 한꺼번에 느낄 수 있어요. 실내에 있어도 호수와 산이 함께 보여요. 집의 구도가 저런 각도가 아니었다면 절대 알 수 없었을 거예요.
그리고 황토방도 참 좋아해요. 겨울에는 대부분의 시간을 황토방에서 보내요. 이 황토방은 원래 우리가 별채로 가지고 있었던 공간인데, 소장님께 이 곳을 살리는 방향으로 설계 요청을 드렸고, 그래서 이 공간을 신축되는 집 안에 넣어 주셨어요. 너무 감사하죠.

계절마다 주변의 경치가 달라지면서 매번 다른 느낌을 줄 것 같아요.
계절에 따라 너른 들판의 색이 변하는 모습과 벼가 노랗게 익어가는 모습들을 보면 정말 평화롭습니다. 옛날에는 오래된 집이다 보니까 공간도 지저분하고 굉장히 습해서 주위를 둘러볼 새가 없어 주변 경치가 아름답다고 생각 못했어요. 지금은 이전에 보지 못했던 경치를 보면서 살고 있어요. 저 산이 저렇게 좋은지 미처 몰랐어요. 마치 집은 그대로 그 자리에 있는데 주변의 경치가 바뀐 것 같은 느낌이 들어요. 보는 각도에 따라 다양한 경치를 볼 수도 있죠. 방문하는 사람들도 하나같이 다 그렇게 말해요.

천마산, 옥녀봉 등 거실 정면으로 장엄한 자연경관을 바라볼 수 있었을텐데, 이 집은 희한하게도 게스트룸이 정면 뷰를 가리고 있는 게 의아합니다.
여름에 동네에서 뜨는 해를 무시 못해요. 근데 그 해가 저 게스트룸 벽에 딱 가려서 전혀 구애받지 않아요. 예전에는 여름이 되면 햇빛이 너무 강해서 커튼을 치지 않고는 살 수가 없고 잠을 자면서도 몸이 타는 느낌을 받았어요. 지금은 저 공간이 있어서 여름에 거의 블라인드를 치지 않아도 되고, 또 반대로 겨울에는 햇빛이 많이 들어와서 따뜻해요. 참 신기해요. 건물이 실제로 지어지기 전에 정소장님이 이런 공간적 부분을 미리 읽어냈다는 것이 대단한거죠. 건축가가 왜 필요한지 우리는 진짜 알겠는 거예요. 간혹 사람들이 왜 저 뷰(정면 경치)를 가렸냐고 하지만 우리는 이미 다른 공간으로도 충분히 경치를 즐기고 있습니다.
또한, 이 게스트룸 덕분에 아이들이 왔을 때 쉴 수 있는 공간과 우리의 공간이 분리됩니다. 일반 주거는 하나의 건물 안에 모든 방들이 들어와 있는데, 이렇게 공간이 분리되니 서로의 프라이버시가 보장되어 좋은 것 같아요.

"집은 그대로 그 자리에 있는데 마치 주변의
경치가 바뀐 것 같은 느낌이 들어요. 보는 각도에
따라 다양한 경치를 볼 수도 있죠."

**처음 설계를 요청하실 때부터 노출콘크리트를 선호하셨다고 해요.
직접 생활하면서 느끼는 노출콘크리트의 느낌은 어떤가요?**

처음보다 시간이 지나면서 색이 조금씩 짙어지고 있어요.
콘크리트도 사람처럼 시간이 지날수록 변해가니까, 실증이
전혀 나지 않아요. 오히려 실내도 노출콘크리트로 할 걸
그랬나 하는 생각도 합니다. 사실 연세 드신 분들은 마감이
덜 된 집으로 오해하시기도 하고 호불호가 갈리지만, 우리
집을 방문하는 지인들 중에는 자신들의 집도 노출콘크리트로
바꾸고 싶다고 말하는 분들도 있습니다.

마당과 마루가 많은 집입니다. 각기 그 쓰임을 잘하고 있나요?

맞아요. 마당, 마루.. 외부공간이 많은 집이죠. 지금의 아파트에는
그런 문화가 없지만, 옛날엔 시골에 있는 한옥집에 가면
툇마루에 다같이 앉아있곤 했어요. 툇마루에 앉아있으면
내리쬐는 아침 햇빛에 마루가 방보다 따뜻할 때가 있었거든요.
특히 우리 집 마당의 툇마루는 남향이기 때문에 옛날 한옥의
툇마루 역할을 해서 바깥에 앉아있으면 굉장히 따뜻해요.
이곳에 나와 앉아서 햇빛도 쐬고, 맛있는 것도 먹고, 수다도
떨고.. 예전에는 싫었던 겨울이 이제는 너무 좋아요.
그리고 옛날부터 앞 화단에 작은 꽃들을 심고 싶었거든요.
예전 집은 뒷편 북쪽에서 골바람이 계속 불어와 작은 꽃들이
항상 죽어버려서 속상했어요. 뒤에서 오는 바람은 가리되,
담을 놓고 싶지 않다고 요청 드렸죠. 지금 화단 밑 공간은
겨울에도 따뜻해서 작은 꽃들을 심을 수 있어서 행복해요.
꽃필 때가 되면 그 모습이 정말 장관입니다.

"우리 집 마당의 툇마루는 남향이기 때문에
옛날 한옥의 툇마루 역할을 해서
바깥에 앉아있으면 굉장히 따뜻해요."

사람의 정겨움이 내려앉은 돌계단, 자연이 싹트는 비밀정원;
클리프하우스 건축주와의 대화

클리프하우스는 어떤 집인가요?

우리 집은 어두운 곳이 없는 집입니다. 사방으로 틔어 있고 항상 환하고, 이동하는 동선에 따라 볼 수 있는 풍경이 바뀌어요. 화장실에서 보는 뷰, 선큰에서 보는 뷰, 계단에서 보는 뷰, 밖에서 보는 뷰가 다 다르죠.

가장 애정이 가는 공간은 어디인가요?

좋지 않은 곳이 없어요. 그러나 그 중에서 가장 좋은 곳을 선택하라면 지하 비밀의 정원과 그곳을 향하는 돌계단이에요. 여름에는 그 공간이 집안보다 훨씬 시원해요. 동네사람이 마실와서 막걸리판이 벌어지는 곳이지요. 거기 앉아서 자연을 느끼다 보면 어느새 시간을 잊어버리게 되죠. 특히 오후가 되면 서향에서 햇빛이 들어오면서 나가는 과정을 거치는 느낌이 너무 좋아요. 돌계단을 내려오면서 펼쳐지는 경치에 방문하는 사람들마다 놀라곤 합니다.
또한, 저는 브릿지 부분도 좋아요. 독특한 포인트인 것 같아요. 이 공간 덕분에 공용공간과 개인공간이 분리되고, 동선에 따라 다양한 뷰를 볼 수가 있어요. 개인적으로 건축가의 설계가 필요하다고 느낀 부분 중 하나예요.

집을 짓고 나서 생활방식이 달라지셨나요?
이 집을 짓기 전에는 여행을 많이 다녔어요. 그러나 집을 짓고
나서는 여행을 가지 않아요. 다닐 새가 없어요. 다른 곳보다
우리 집이 더 좋기 때문이죠. 여기가 바로 별장이에요. 또한,
예전 집을 살 때는 공간이 좁아서 그런지 늘 마음이 불안하고
뭔가 초조했어요. 이제는 마음이 굉장히 여유롭고 편안해요.
주방이 편해서 좋고, 큰 창들을 통해 밖을 바라볼 수 있어서
눈이 시원하죠.

건축가와의 관계에 대해서도 이야기해봐야 할 것 같아요.
집도 집이지만 사람의 관계 부분에서도 지내보니까 정말 좋은
사람입니다. 처음 설계초반에 잘 모를 때에는, 솔직히 설계비가
조금 부담이었어요. 우리집 설계에 6개월 정도 걸렸는데,
시간이 지나면 지날수록, '설계비를 깎았으면 부끄러울 뻔
했다'는 생각이 들었습니다.
시간이 지나면서 점점 집이 아름다워지는 것을 확인할 수
있었죠. 우리집을 주택이 아니라 작품이라고 생각하는 것
같았어요. 그만큼을 열정을 가지고, 와서 살피고 또 살피고,
이렇게 건축하는 양반이 와서 열정을 가지고 하는 곳은 없을
겁니다. 수시로 올라와서 확인하고, 또 확인하는 것을 우리가 봤죠.
원래 황토방에 황토만 칠하기로 했는데, 나무까지 덧댄거예요.
너무 고맙게 생각합니다. 결국에는 '사람이 남는다'는
생각들어요. 그렇게 집 짓는 과정도 좋았고, 사람과 마주치는
것도 좋고, 나중에 이렇게 와서 만나는 것도 좋네요.

**집안 곳곳이 만족스러운 만큼 사시는 내내 집의 의미에 대해서
늘 생각하게 되실 것 같습니다.**

내가 너무 좋아하는 공간이 있고, 너무 좋아하는 일(정원을
가꾸는 일)이 있고 얼마나 행복한 삶인지 몰라요. 무엇을
더 가지고 싶다는 욕심도 없어요. 이러한 집을 가진 것
자체만으로 행복해요. 집이란 이런 공간이구나 비로소
다시 느낍니다. 온건축을 만나서 집의 의미를 다시 찾을 수
있었어요.

사실 주택에 살면 아파트보다는 책임지고 신경 써야 할 부분이
많아지는데.. 그래서 시골에 들어오고 싶다는 사람들에게
내가 항상 이야기하는 게 있어요. 집과 그 주변을 가꾸고,
돌보는 일을 서로가 좋아하는가 생각해봐야 해요. 한
사람이라도 싫어하면 실패할 가능성이 높아요.

또한 이 집은 새로운 사람들과 만나서 소통할 수 있는
창구의 역할도 해요. 지나가는 이의 발길을 붙잡는 곳이
되었으니까요. 이웃뿐만 아니라 지나가는 사람들이 카페
또는 갤러리로 착각하고 들리시거나 사진을 찍어가는
사람도 있어요. 집이 멋있다고 말해주니 솔직히 기분도 좋고
행복해요.

**인터뷰 진행: 에뜰리에

"비밀의 정원으로 향하는 돌계단에
앉아서 자연을 느끼다 보면 어느새 시간을
잃어버리게 되죠. 특히 오후가 되면
서향에서 햇빛이 들어오면서 나가는 과정을
거치는 느낌이 너무 좋아요."

자연은 인간에게 많은 경험을 가져다 준다

인간의 오감을 자극하는 자연 속 건축

자연은 인간에게 많은 경험을 가져다 준다. 어느 누구나 자연과 함께한 추억이 기억 한 켠에 자리하고 있을 것이다. 어린 시절, 집 뒤에 작은 산이 있었다. 그곳은 어린 아이들의 놀이터이자 학습의 장소였다. 온갖 나무들 위에 올라가서 뛰어 내리고 나무 아래에서 나뭇가지와 풀을 모아서 우리들만의 아지트를 만들기도 하였다. 열매와 곤충을 채집하며 탐구하기도 하고, 가끔은 어른들이 가꾸어 놓은 텃밭에 들어가 우리의 식량을 획득하고 놀았다. 이때 곤충과 나무, 자연의 모든 것이 우리의 벗이었다. 그 시절을 회상하는 지금, 우리의 도시생활은 얼마나 자연 속 많은 것들과 멀어져 있는지 생각해보게 된다. 건축을 공부하던 대학 시절, 산을 다니면서 자연스레 사찰을 많이 둘러보게 되었다. 한옥이었던 외갓집에서 여유 시간을 보내서 그런지, 이름도 잘 모르는 한옥들을 찾아 다니며 여행하던 그 때는 별 이유 없이 행복했다. 그 중 부석사는 개인적으로 애착이 참 많이 가는 건축물이다. 대학시절 수도 없이 찾아가 본 곳이기도 하다.

어느 날 작업을 하다가 자정을 넘긴 시간 문득 부석사에서 일출이 보고 싶다는 생각이 들었다. 그 길로 부석사로 향했다. 도착해서 일출을 기다리는데 스님이 아침을 맞이하는 복고를 치기 시작하였다. 해가 떠오르기 시작하자, 스님의 실루엣이 자연과 함께 하늘에 그림을 그리기 시작하였다. 자연과 인간 그리고 소리가 하나되어 산사에 울려 퍼졌다. 그 순간, 시간과 공간이 멈추어 버린다는 느낌을 이해할 수 있었다.

알 수 없는 무념의 경지였고 몸에서 전율이 느껴졌다. 이러한 순간을 느낄 수 있는 건축이
내가 생각하는 진정한 건축이다. 이는 인간이 만들 수 있는 경지가 아니다. 단지 인간은
자연을 빌어서 한낱 작은 흔적을 자연에 남길 뿐이다.

지금 온의 사무실은 자연 속에 있다. 그래서 하루 종일 수많은 곤충을 포함한 자연의
생명들과 마주하게 된다. 도시생활 덕에 낯설어졌던 자연의 모습과 잃어버렸던 감각을
조금씩 회복하고 있다. 대청마루와 툇마루에 앉아있길 좋아했던 그때를 다시 회상해본다.
그곳은 인간과 자연이 만나는 중간계인 '중용적 공간'이다. 가만히 누워 있으면 앞에
산이 보이고, 온갖 벌레 소리가 들리며, 서까래 아래에는 제비가 집을 지어 재잘대고,
외할머니께서 준비하시는 맛있는 음식 냄새가 나고, 비가 오는 날이면 처마 아래로 빗물이
떨어지는 소리가 난다. 한마디로 오감이 살아있는 곳이다. 이러한 장소에서의 경험은 인간의
오감을 자극시키고 발달하게 한다. 더 나아가 육감도 발달하게 된다. 인간은 원초적인
동물이기 때문이다. 과학이라는 문명 아래, 인간이 자연을 통제하고 지배하려고 하면
할수록 인간의 오감은 점점 사라져 갈 것이다. 자연 속에서 일을 하다 보니 그동안 사라져
갔던 오감이 다시 깨어나기 시작한다. 좋은 건축적 공간은 인간이 이러한 오감을 느끼고
사용하도록 해주는 장소이다.
오감은 자연과 마주해야만 그 감각을 유지할 수 있고 더욱 발달할 수 있다.

그늘공간

원시 시대에 인간이 활용한 가장 태초의 공간은 나무 아래 그늘이었다.
나무는 햇빛을 포함한 외부의 위험으로부터 인간을 보호해주며, 때로는 식량을 얻을 수 있는 원천지가 되기도 한다. 그래서 나무가 만들어 준 공간은 가장 원초적이며 자연적인 공간이다.
인간이 물리적으로 공간을 구성할 때 가장 처음으로 시작하는 일도 지붕을 만드는 일이었을 것이라 짐작한다. 만약 인간이 건축물 하나 없는 자연으로 되돌아간다면, 그때도 나무는 가장 안정적인 공간을 제공할 것이다. 이렇게 나무처럼 그늘을 제공하는 공간을 '그늘공간'이라고 정의한다. 이 공간은 외부 환경의 변화에 항상 공감하며 사용자와 이용자가 오감을 그대로 느낄 수 있는 장소이다.

그늘공간은 인간에게 무수한 자유를 가져다 준다. 이 공간은 낮이나 밤이나 비가 오나 눈이 오나 어떠한 환경에서도 다양한 성격의 공간으로 탈바꿈될 수 있다. 가장 원초적이고 외부적이면서도 내부적인 성격을 동시에 가진 장소로서 사용자의 목적에 의해 다양하게 활용될 수 있는 가능성을 갖고 있으며, 밝은 공간과 어두운 공간을 서로 연결하기도 한다.

그늘공간이 만들어 지기 위해서는 물질적 대상이 있어야 하며 그 대상이 만들어낸 결과물이 그늘공간이 된다. 예를 들어 두 공간을 연결하기 위해 벽은 없고 물리적 지붕만 생긴다고 가정해 보자. 지붕의 결과물로 그늘공간이 생긴다.
또한, 지형의 높이 차이를 활용한 내부공간의 결과물로 생성된 외부와, 그 외부를 연결하는 그늘공간은 정의되지 않은 그저 '장소'로서, 사용자와 이용자가 각각 자기 목적에 맞게 활용할 수 있다. 이때 생성된 그늘공간은 두 공간의 관계를 다양하게 설정하면서 프로그램에 따라 외부마당, 다목적 공간, 대청마루, 중정, 소통광장 등 다양한 가능성의 중용적 성격을 가진 공간이 된다.

중용적 공간

자연에는 빛과 어둠이 있고 높고 낮음이 있으며, 따뜻함과 차가움이 있다. 모든 대상에는 둘 이상의 서로 다른 성질을 가진 요소가 존재한다. 관계가 형성되기 위해서는 서로 다른 성격을 가진 둘 이상의 대상이 필요하다. 이 둘 이상의 대상은 새로운 것이 아닌 이미 자연에 존재하는 많은 요소들이다. 이 요소들이 어떻게 관계를 구성하는가에 따라 어느 한쪽으로 무게가 기울기도 하고 하나의 대상이 다른 대상에 종속되기도 하며, 때로는 하나의 대상의 성격이 사라지기도 한다. 이 두 대상의 관계 설정을 통해 어느 한쪽으로 치우치지 않고 균형을 이루는 관계의 공간을 '중용적 공간'이라고 정의한다.

나무가 자라기 위해 물이 필요하다. 하지만 땅속에 물이 너무 많이 고여 있으면 뿌리는 썩게 되며, 반면에 물이 없으면 뿌리가 말라 나무는 결국 죽고 만다. 계속 비가 오거나 비가 오지 않는다면 많은 생명은 사라질 것이다. 실내에 하루 종일 햇빛만 들어오면 생활하기가 불편하고 너무 어두워도 마찬가지이다. 이렇듯 어느 한쪽으로 너무 치우친 경우 그 하나의 속성 때문에 생명이 사라지거나 인간이 불편하게 살 수밖에 없다.
사용자만을 위한 공간은 이용자에 불편할 수도 있고 이용자만을 위한 공간은 사용자에게 불편할 수도 있다. 서로 다른 개별성을 가진 대상을 연결하는 공간은 어느 한쪽으로 치우치지 않고 둘의 개별성을 유지한 채 연결할 수 있는 관계를 설정할 수 있어야 한다.

**사용자와 이용자에 대한 용어 정의_ 10페이지 참조 중용적 공간은 유동성을 가지고 있다. 서로 다른 대상을 연결하는 과정에서 때론 어느 한쪽으로 물질의 성질이 치우칠 수 있다. 이 때 균형을 잡기 위해 한쪽으로 치우친 성질의 물질은 다른 쪽으로 움직일 수 있어야 한다. 즉, 사용자와 이용자의 움직임을 통하여 균형을 만들 수도 있고 그늘공간에서는 빛과 어둠의 교차로 균형을 만들 수도 있다.

도시가 발달함에 따라 인간은 내부 중심적인 공간을 지향함으로써 많은 건축이 내부 중심의 건축으로 치우쳐져 있다. 이러한 현상은 사람으로 하여금 자기중심적인 성향을 강하게 만든다. 그래서 타인과 관계 맺는 것을 어렵게 만들고 나아가 사회적 단절 및 지역적 단절을 야기한다고 본다. 우리의 흔한 주거 문화가 그렇고 상업 건축물이 그러하다. 우리의 잃어버린 균형을 찾기 위하여 소통 가능한 외부공간의 회복이 필요하다. 외부와 내부에 소통 가능한 중용적 공간을 구성함으로써 우리의 사회는 소통 가능한 다양한 관계를 설정할 수 있을 것이다.

자연 속의 온건축

우리는 왜 자연으로 들어 왔는가

울산광역시 울주군 범서읍 입암리. 차 한대가 딱 지나갈 수 있는 논두렁길을 달려, 구불구불 작은 골목길로 들어와야 우리의 사무실에 다다른다. 정말 자연 속에 들어와 있다는 표현이 딱 맞는 사무소의 위치. 그래서 처음 사무실을 이 시골동네로 정하려고 할 때 많은 이들의 의문과 반감을 샀다.

건축 속에 자연을 담기 위해서 온의 작업 또한 자연 속에서 이루어져야 한다고 생각했다. 도심지에서 가능한 한 많은 건축주를 만나고 접하는게 맞을 수도 있으나, 자연을 생각한 온의 건축 작업에 대한 의지를 가장 직설적으로 보여줄 수 있는 방법은 우리가 자연 속으로 들어가는 것이었다. 늘 자연을 가까이하는 우리의 오감이 자연스레 우리의 설계 작업에 녹아들 것이라 생각한다.

울산이 산업화되면서 근교 농촌에 사람들이 떠나기 시작했다. 사무실이 위치한 이 마을도 마찬가지 상황이었다. 이전에는 벼를 많이 생산했던 지역이었는데 주민이 하나 둘 떠나가면서 점점 황폐해지고 소멸하는 농촌이 되어가고 있었다. 만약 우리와 같은 서비스업이 이런 농촌에 들어간다면 농촌재생을 통한 지역재생에 있어 그 시작점이 될 수 있지 않을까? 농촌에서도 다양한 비즈니스 모델이 시작될 수 있다는 새로운 접근에 대한 그 가능성을 증명하고 싶었다. 거시적으로 바라보았을 때 우리의 작업을 통해 각 지역들을 지역재생의 좋은 장소로 장소화시킬 수 있을 것이라 생각한다.

직접 손수 지은 온건축의 사옥

현재 온건축이 사용하고 있는 사옥은 사무실 초기 넉넉하지 않은 주머니 사정이었지만, 여러 가지를 실험해보고 싶은 열정 가득했던 그때 우리의 모습을 대변하고 있는 흔적이다. 우리가 자리한 이곳은 자연과 도심 사이의 경계지역이다. 울산 시내, 기차역 등에 가까운 교통의 요충지라 할 수 있다. 오랜 기간의 스터디와 계획 과정을 통해 대안을 결정하였고 3개월에 걸쳐 직접 손으로 사옥을 지었다. 초기비용이 부족하여 우리의 노동이 들어갔고, 최소한의 비용 지출을 위한 재료를 사용함과 동시에 추후 증축을 고려한 마스터 플랜을 구축하고자 긴 장방형의 배치를 택하였다. 이 건축물은 단순해 보이는 모습이지만 그 안에 우리가 실험하고 탐구한 건축공간과 개념 그리고 건축 구조의 결정체가 곳곳에 숨어있기도 하다.

'가장 단순한 공간 속으로 다시 돌아가자.'

단순함 속에서 다양화된 공간구성 방법을 보여주고 싶었다. 그리고 기능적으로 증축의 가능성을 두었다. 추후 계획했던 것들을 실행하기 위해서는 가장 먼저 자리잡아야 할 것이 '외부공간을 어떻게 나눌 것인가'였다. 손님을 맞이하는 외부마당, 추후 각종 행사와 지역사회에서 의미있는 역할을 하게 될 다목적 중정공간, 자연과 소통을 연결하는 사이 중정, 그리고 내외부의 속성을 동시에 가지는 연결외부마당을 미리 구성해 두었다. 건축에 대한 우리의 생각을 담은 이 작은 공간을 연구하면서 휴먼 스케일(Human-scale)에 대해서도 심도있는 탐구의 시간을 가졌다. 그리고 우리는 우리의 디자인 메이드(Design-made) 개념을 직접 구현할 수 있었다.

온건축 작업실

(출처 : 네이버 위성지도)

탄화노출콘크리트는 나무 껍질처럼
규칙적이지 않은 투박한 느낌으로, 아주 오랜 세월을 거친
자연의 고목처럼 보이도록 구현되었다

탄화건축; 불의 건축

오래 전부터 건축분야에서 사용되어 온 벽돌은 불에서 구워지는
과정을 거쳐 완성되는 재료이다. 현대 건축에서 이렇게 불을 사용하여
작업하는 건축재료가 많지 않다. 같은 재료라도 어떤 작업방식을
거쳤는지에 따라 전혀 다른 물성의 느낌을 만들 수 있다는 사실은
건축가에게 많은 가능성과 기회가 열려 있음을 뜻한다. 그런 의미에서
불은 건축의 진수를 위해 사용할 수 있는 좋은 요소이다.
나는 불을 사용하여 이루어지는 건축 작업을 '탄화건축'이라고 말하고
싶다. 그 과정을 거친 건축 공간은 인간의 감각을 자극하는 공간이다.
시각적 변화가 있고 냄새가 나고 손으로 만지면 촉감이 다르고
때로는 소리도 다르다. 공간을 통해서 전해지는 색과 촉감, 향과 소리.
우리는 이러한 작업을 위하여 탄화 노출콘크리트 기법을 탐구한다.
탄화건축은 건축의 오감을 더욱 자극하는 하나의 요소가 될 것이다.

탄화노출콘크리트

내가 생각하는 중국의 도자기는 화려하고 지배적인 힘을 느낄 수 있으며 완성도가 높다. 일본의 도자기는 세련되고 통제된 절제미가 있으며 정교하다. 반면 한국의 도자기는 무언가 부족한 것처럼 투박하면서도 완성되지 않은 듯한 여백을 가지고 있지만, 그 모습 자체로 자연스러운 완벽함을 갖추고 있다. 이러한 차이는 자연에 대한 생각과 접근이 각기 다르고 그에 따라 재료의 물성을 표현방법과 감성이 서로 다르기 때문이라고 생각한다.
나는 앞서 언급한 우리나라 도자기만의 고유한 느낌을 가질 수 있는 것이 다음 두 가지 이유 때문이라고 생각한다. 첫 번째는 도공의 손길을 감추지 않고 그대로 드러낸 표현기법, 두 번째는 자연에 순응하며 살아가는 우리 선조들의 지혜이다. 도자기가 완성되기 위해서는 최종적으로 불의 힘이 필요하다. 불을 어떻게 다루고 생각하는 가는 도자기의 마지막 완성을 위한 아무도 예측할 수 없는 도공만의 작업이다. 도공은 가마에 불을 지피면서 오랜 시간을 인내한다. 기다림 속에서 불의 흔적을 담은 도자기는 도공도 상상하지 못한 결과물로 탄생된다. 나는 노출콘크리트 작업과정이 도자기와 같은 경지의 작업이라고 생각한다. 목수 한 사람, 한 사람이 거푸집을 만들어 콘크리트를 타설하고 양생하는 과정을 거쳐 거푸집을 탈형하였을 때야 비로소 노출콘크리트가 어떻게 빚어졌는지를 확인할 수 있게 된다.

나는 노출 콘크리트를 사용하여 자연을 닮은 우리 고유의 도자기와 한옥의 오래된 목재 부재들의 느낌을 구현할 수 있는 방법에 관심을 가졌다. 콘크리트는 건축에 사용된 이후 많은 건축가들이 여러 방법으로 구현해 오고 있는 재료이다. 르 꼬르뷔지에(Le Corbusier)의 작품 '롱샹 성당'과 '라 투레트 수도원'을 살펴 보면, 노출콘크리트를 통해 건물 전체가 마치 하나의 거친 암석처럼 구현된 것을 볼 수 있다. 또한 안도 다다오(Ando Tadao)의 '코시노 주택'과 루이스 칸 (Louis Kahn)의 '솔크 연구소'는 아주 절제되고 깨끗한 유리면과 같은 느낌이 난다.

우리의 노출콘크리트는 나무 껍질처럼 규칙적이지 않는 투박한 느낌으로, 아주
오랜 세월을 거친 자연의 고목처럼 보이도록 구현하고자 하였다.

1.
가장 초기 노출 콘크리트 작업은 아주 적은 예산으로 작업해야 했다. 지역의
목재상에서 적당한 나무를 구하기 어려워 고민 끝에 현장 주변의 사과나무 궤짝과
팔레트 목재를 생산하는 공장을 발견하였다. 그곳의 폐나무를 재사용하여
작업하였다.

2.
두번째 시도는 목재 특유의 거친 느낌을 표현하기 위하여 원목공장에서 켜는
톱니로 거칠게 켠 나무를 직접 구매하고 사용한 작업에서 비롯되었다. 하지만
콘크리트 표면에 나무의 거친 질감이 생각보다 잘 표현되지 않았다. 양생과정에서
목재가 수분을 흡수하는 속도와 상태가 중요하다는 것을 깨닫고 후속 작업에서는
기름 성분이 많은 적삼목을 사용하였다. 거칠게 적삼목을 켠 후, 공사현장에
가져와 다시 현장에서 사람의 손으로 스크래치(scratch)해서 사용하였다.

3.
목재의 질감을 잘 표현하기 위하여 수성 박리제를 사용하던 중, 현장소장과
건축주와 협의하는 과정에서 목재에 수분이 흡수되는 것을 막고 콘크리트 양생
후 탈형이 잘되게 구두약을 사용해보자는 아이디어가 나왔고 작업을 실행하였다.
만족스러운 결과였다.

4.

여전히 노출 콘크리트의 질감에 대한 고민과정 중, 나무 골의 깊이를 확실하게
만들기 위해 토치 작업을 평상시 작업보다 과하게 작업하여 타설하였는데,
숯처럼 탄화된 나무의 일부 부분에서 우리가 원하던 아주 거칠고 묘한 질감을
가진 노출 콘크리트 표면을 발견하였다. 하여 다음 작업에서는 전체 목재를 아예
숯처럼 까맣게 태워서 작업하였다. 만족스러웠다. 나무의 거친 질감이 훨씬 깊게
표현되었다.

5.

탄화된 숯이 양생과정에서 발열되는 열과 반응하여 노출콘크리트 표면에
자연스럽게 착상되어 그림을 그렸다. 목재 탄화과정에서 작업자들마다 목재를
태우는 정도가 다르고 불이 지나간 흔적이 다르고 또한 양생과정에서 목재가
수분을 함유하는 정도도 다르다. 이는 오로지 현장 작업자의 직감과 노하우로
노출콘크리트 표면에 결과물이 만들어지는 것이다.

6.

도공이 가마에 불을 지피고 기다리는 것처럼 우리도 콘크리트가 화학적 반응을
하는 동안 결과를 기다린다. 우리가 작업하는 적삼목 탄화노출콘크리트는
탄화과정에서 불이라는 요소가 더해진다. 그리고 양생과정에서 화학적 반응을
일으키며 굳어간다. 마치 도공의 손길처럼 작업자의 손길이 그대로 결과물에
담긴다. 노출콘크리트는 많은 건축가들이 작업하는 시공방법이지만 우리가 만드는
탄화 노출콘크리트는 한국의 도자기처럼 자연스러우면서도 작업자와 불의 흔적이
그대로 드러나는 직감에 근거한 예측 불가능한 결과물이다.

콘크리트 10년의 기록

2008
사과궤짝 + 파렛트

저예산으로 인해 송판을 대체할 목재로, 사과궤짝과 파렛트(Pallet) 등 폐기되는 목재를 재활용하여 사용

2012
송판(켜는 톱니)

송판의 거칠고 투박한 질감을 표현하기 위해 켜는 톱니로 제재한 목재 사용

2014
적삼목 + 스크래치(공장)

오래된 나무 질감과 같은 거친 느낌을 구현하기 위해 기름기가 많은 적삼목을 선택하여 공장에서 2번의 스크래치 작업 후 사용

2015
적삼목 + 스크래치 (공장 + 현장) + 구두약

목재를 스크래치한 후에 수분을 차단하고자 표면을 폴리싱하고, 이때 도막의 깊이를 달리하고자 구두약으로 표면처리함

**폴리싱: 표면에 윤을 내는 연마작업

다희가, 2008

시티플라워, 2012

Y 하우스, 2014

타워하우스, 2015

2015
적삼목 + 스크래치
(공장 + 현장) + 토치

깊이 패인 나무 질감을 강조하기 위해 공장에서 스크래치한 후 현장에서 사람의 손으로 2차 스크래치 함.
이후 나무 음영을 강조하기 위해 토치로 태움

2016
적삼목 + 스크래치 + 탄화(가스)

일반 토치는 화력이 다소 약하므로, 대형 가스 토치를 사용하여 불의 강약을 조절하며 목재를 태워 더 극적인 질감을 살림. 이와 동시에 숯의 느낌을 콘크리트 표면에 표현되도록 함

2017
적삼목 + 스크래치 + 탄화(가스) + 스크래치 + 탄화(가스)

탄화가 잘 될수록 질감이 좋아지는 것을 발견. 한번 탄화된 적삼목을 재스크래치 후, 다시 한번 탄화시켜 음영의 깊이를 더함. 탄화된 숯이 아주 다양하게 표면에 표현됨

2018
적삼목 + 스크래치 + 탄화(가스) + 스크래치 + 탄화(산소)

가스가 아닌 산소토치를 사용하여 보다 순간적인 고온에 의해 표피가 탄화됨. 목재가 재가 되지 않고 탄화된 숯의 느낌이 파편적으로 표면에 찍혀 나와서 가스로 탄화했을 때와 전혀 다른 느낌을 구현

산전리주택, 2015   클리프하우스, 2016   ▪ ◻ 점, 2017   트레인하우스, 2018

SCRATCH 스크래치

SHOE POLISH-BLACK 구두약칠

SCORCHED-GAS 탄화(가스이용)

SCORCHED-OXYGEN 탄화(산소이용)

TORCH(BLOW PIPE) 토치

SCRATCH-MACHINE 켜는 톱니

PINE TREE 송판 / RED CEDAR 적삼목

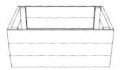
OLD APPLE BOX 사과궤짝

목수 한 사람, 한 사람이 거푸집을
만들고, 불로 태우는 과정을 거치는
이 탄화노출콘크리트는 작업자의 손길과
불의 흔적이 그대로 드러나는 직감에
근거한 예측 불가능한 결과물이다.

타워하우스, 2015
나무의 질감은 콘크리트 양생 과정에서 목재가
어느 정도 수분을 흡수하는가에 영향을 받는다. 목재
스크래치 후 수분을 차단하고, 도막의 깊이가 다를수록
결과물의 느낌도 달라진다는 점에 착안하여 표면에
폴리싱(연마작업)할 수 있는 재료로써 주변에서 흔히
구할 수 있는 구두약을 선택해 표면을 처리하였다.

산전리주택, 2015
공장의 기계에 의한 스크래치는 일정한 느낌을
가지고 있어 손맛이 부족하다. 깊이 패인 나무의
질감을 강조하기 위해 현장에서 사람의 손으로
2차 스크래치 작업을 하여 작업자들의 힘에
따른 손맛이 반영되도록 한다. 여기에 토치를
사용해 태우면 나무의 음영을 더 강조할 수 있다.

클리프하우스, 2016
한옥의 오래된 목재에서 볼 수 있는 나이테와
거친 고재가 가진 고유의 패턴을 구현하고
싶었다. 숯처럼 태워서 작업한 목재가
콘크리트 양생과정에서 독특한 문양과
질감을 만들어 내는 것을 발견하고, 적삼목을
아주 까맣게 태워서 사용하였다. 일반 토치는
화력이 다소 약하다는 점을 고려하여 대형
가스 토치를 사용해 불의 강약을 작업자가
직접 조절하면서 목재를 태웠다.

- ☐ 점, 2017

탄화가 잘 될수록 목재의 질감과 숯의 느낌이 잘 나타난다. 목재를 한번에 전부 태울 경우 완전히 재가 되어버리는 반면 한번 사용된 탄화 적삼목을 다시 스크래치하여 가스로 탄화시킬 경우, 탄화된 부분과 탄화되지 않는 부분의 스크래치 정도에 따라 음영의 깊이가 달라지고 탄화되는 숯의 두께도 훨씬 두꺼워진다. 이는 곧 콘크리트 타설 후, 양생해서 찍혀 나오는 숯의 음영 깊이가 달라짐을 뜻한다. 훨씬 깊게 작업자의 손맛과 불이 지나간 흔적을 그대로 표현할 수 있다.

트레인하우스, 2018

목재를 가스로 두 번 탄화할 경우 목재에 불이 붙거나 여름에
현장 작업에서 위험요소가 있는 반면 산소를 사용한 장비는
불이 좁고 길게 나오고 가스보다 고온이라는 점에서 유리한
부분이 있다. 이 경우 목재는 재가 되지 않고 부분적으로
탄화되어 콘크리트 표면에 숯의 느낌이 파편적으로 착상된다.
산소로 두 번 탄화한 경우와 비교하여 숯을 얇은 종이장처럼
만들어 콘크리트 표면에 입힌 느낌이다. 탄화의 방법에
따라 음영의 느낌과 탄화된 숯의 느낌은 전혀 예측할 수 없다.

그늘공간 X 연결공간 X 관계설정 X 직감 아이디어

Y 하우스 : 은퇴자를 위한 주택과 재택사무실

대지위치
울산광역시 울주군 두동면 은편리

용도
단독주택, 근린생활시설(사무소)

면적
대지면적 1,956m²
건축면적 253m²   연면적 281m²

규모, 구조
지상 2층, 철근콘크리트

마감
적삼목 노출콘크리트,
거푸집 노출콘크리트, T18적삼목

Y 하우스는 전원에서 생활하던 부부의 오래된 주택을 철거하고 노후를 위한 새로운 삶의
공간을 마련하는 프로젝트였다. 오랜 시간동안 가꾸어온 정원과 대지의 형상이 이미
구성되어 있었고, 이를 훼손하지 않는 범위에서 프로그램들과 자연이 관계를 설정하며
소통하는 공간을 만드는 것이 가장 중요한 고민 거리였다. 부부가 생활하는 주거와
운영하는 사업체의 사무소 그리고 많은 장작 및 물건을 보관할 수 있는 창고(전원주택의
필수공간)가 서로 결합하고 각자의 독립성을 유지하는 새로운 도시 근교형 전원주택을
제안하고자 하였다.

우리 삶을 풍요롭게 하는 외부공간

대지는 동쪽을 향해서 아주 좋은 전망을 가지고 있는 반면 남쪽으로는 산 능선이 있어 해가 빨리 저문다. 따라서 주택의 모든 공간에 햇살이 가득하게 하는 방법과 동쪽 한편에 있는 마을의 작은 연못 그리고 여러 산봉우리들을 동시에 조망할 수 있는 대안이 필요하였다.

과거 산이 많은 우리의 자연환경을 지도로 표현하기 위한 기법은 산의 능선을 선으로 표현하는 것이었다. 대지가 가지고 있는 지형의 능선이 뻗어 나가는 기억을 회복하며 자연과의 관계를 맺는 방법으로 과거의 지도 표현방식처럼 하나의 선이 둘로 나누어지는 Y자 형상의 특징을 사용하였다. 이는 주택과 사무소 그리고 창고라는 서로 다른 프로그램들을 연결하면서 각각의 독립된 외부공간을 만듦과 동시에 두 방향성의 중용적 성격을 가진 공간을 만들기 위함이다. Y자 결절점은 이 주택의 가장 심장인 공간이며, 거실이 자리하고 있다. 또한 이 공간은 사이마당과 대청마루가 서로 소통하는 곳이며, 한 방향으로만 공간을 느낄 수 없는 곳이다. 철저하게 360°마다 무엇을 조망할 것인지 계산된 공간이다.

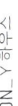

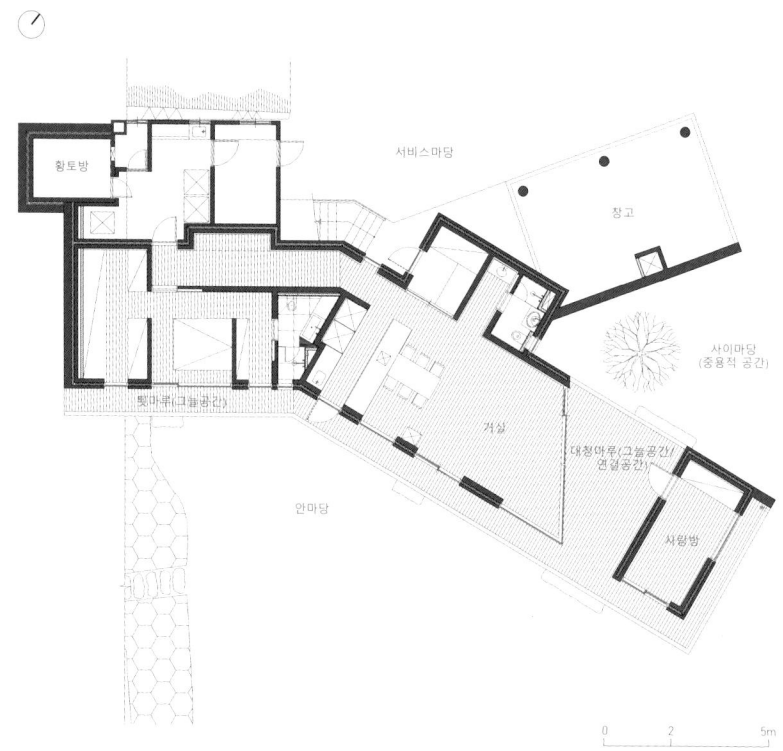

1층 평면도

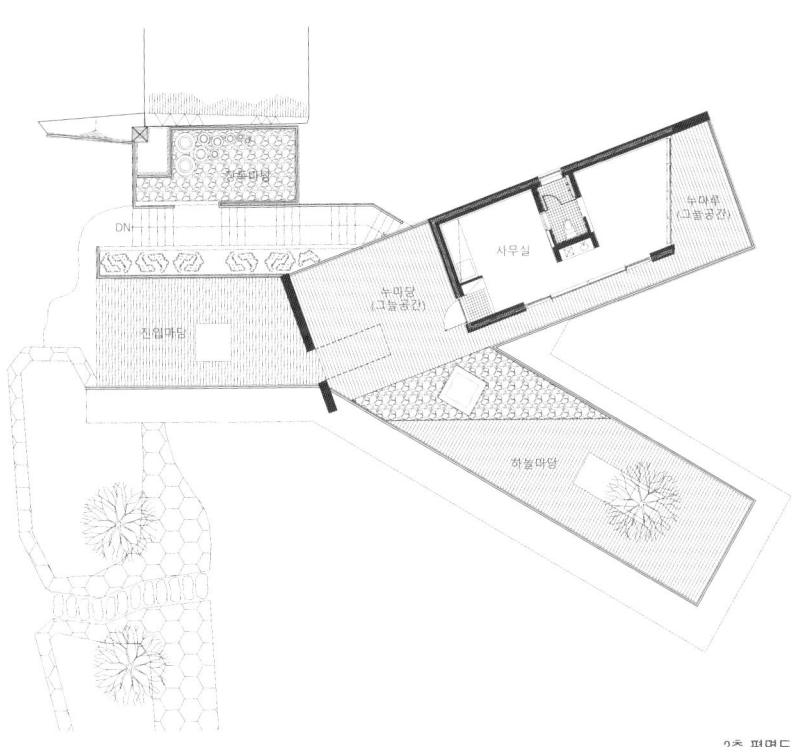

2층 평면도

주택을 설계할 때마다 늘 고민하는 것은 "가장 우리의 삶을 풍요롭게
하는 공간이 무엇인가?"이다. 이것의 가장 단순한 대답은 우리가 살아온
'한국적인 공간'이라고 생각한다. 지금까지 다방면으로 고민하고 실험하며
한국적인 공간을 현대화하려고 노력한 결과, 전원주택의 삶을 풍요롭게 하는
것은 외부공간을 중심으로 관계설정한 다양한 소통의 방법을 창조하는
것이다. 그래서 윗마당, 진입마당, 사이마당, 서비스 마당, 하늘마당,
장독마당이라는 다양한 외부공간을 만들었다. 이러한 다양한 외부마당과
내부공간이 서로 소통하는 그늘공간인 대청마루, 누마루, 툇마루를
만들었다. 이러한 그늘 공간은 다시 다른 내부와 연결공간을 형성하는
중간계 역할을 한다.
특히, 동쪽에 배치한 사랑방은 아침에 직사광선이 눈부시게 내부로
들어오는 것을 일부 막아 그늘공간을 형성하면서 대청마루와 거실에서의
조망 공간을 이원화 시키도록 하였다. 거실의 길이를 다르게 하고 유리로
마감하여 비정형으로 만들었다. 이는 거실의 일부가 대청마루화되고
안마당과 사이마당의 중정공간(중용적 공간)이 내부로 연결되어 인입되는
역할을 하였다. 대청마루를 통해 바람길을 만들어 여름에 시원한
전이공간(연결공간)이 되도록 하였다. 이러한 다양한 공간들이 건축주의
삶을 풍요롭게 하기를 기대한다.

그늘공간 X 연결공간 X 관계설정 X 직감 아이디어

타워하우스 : 도심지 소형주택을 위한 제안

대지위치
경상남도 김해시 대성동

용도
단독주택

면적
대지면적 752.90㎡   건축면적 128.93㎡   연면적 145.77㎡

규모, 구조
지하 1층 ~ 지상 2층, 철근콘크리트

마감
적삼목 노출콘크리트, 울링,
부식동판, 적삼복 무절 스크래치, 오크 탄화목

가족 구성원의 수가 줄어듦에 따라 우리의 생활 방식과 가치관이 변화하고, 이에 우리는 작은 것에 대한 관심을 가지기 시작하였다. 자녀들을 모두 분가시킨 건축주 부부의 남은 여생을 어떤 주택에서 행복하게 살 것인가를 고민하며, 동시에 구도심과 신도심이 연결되는 곳에 생기는 작은 주택이 어떤 가능성을 가지게 될 것인가를 제안하는 프로젝트였다.

김해 향교 뒤편에 자리한 이 대지는 구도심과 신도심이 만나는 영역에 위치하고 있다. 건축주는 김해 시내가 바라다 보이는 이유로 이 대지를 매입하고 주택을 짓고자 하였다. 하지만 안타깝게도 건축주가 주택을 설계하고자 사무실을 찾아 왔을 때는 이미 주변에 다가구 주택들이 들어서기 시작하였고 앞으로도 다가구 주택들이 계속해서 들어서면서 건축주의 생각과는 다르게 주변 환경이 조성될 것으로 보였다. 그럼에도 불구하고 설계를 맡아 진행하면서 가장 중요하게 해결하고자 한 것은 바로 건축주가 바라보고 싶어 하는 김해시내의 전경을 집안 공간으로 끌어 들이는 방법을 찾는 것이었다. 이를 위한 해결책으로 이 주택만이 가지는 전망 타워라는 가족실을 만들었다. 또한, 이 주택만이 가지는 또 다른 독특한 공간은 건축주의 취미인 수석과 분재에서 아이디어 모티브가 된 주택의 전실이기도 하면서 전망 타워로 가는 수직적 전시공간이다. 주택의 중심부에 위치하고 각각의 독립된 공간들을 연결하고 매개하는 중용적 공간이 되기도 한다.

독립성과 소통이 공존하는 공간

대지의 규모에 비해 건축주는 아주 작은 주택을 짓고자 하였기 때문에 외부 공간을 어떻게 활용할 것인가는 상당히 중요한 부분이 되었다. 김해 향교의 축을 살리고자 건축물을 배치할 경우 보통 매스를 축 선상에 배치하게 된다. 하지만 2개의 외부공간(앞마당, 후정)을 중심으로 축 선상에 배치하고 이들 외부공간과 엇갈린 또 다른 2개의 외부공간(사이마당)을 배치함으로써 4개의 서로 다른 성격의 외부공간이 서로 교차된 축을 구축하도록 관계설정하였다. 이러한 설계과정에서 X자 배치가 탄생하게 되었다. 이는 주거의 모든 영역에서 독립성을 가진 개별적 내부공간에서 각각의 외부공간과 소통하는 결과를 만들었으며 각각의 내부공간은 풍부한 자연채광을 갖게 되었다. 이 주택에서 주거가 가지는 각각의 공간은 독립성과 소통이라는 서로 다른 개념이 어떻게 공존할 수 있는지 보여주는 하나의 대안이며 실험적 방법이 될 것이다.

아이디어 모티브가 된 석분재의 구성요소인 돌, 철선, 나무를 외부 마감재료 요소에 비유하였다. 돌은 적삼목 노출콘크리트로, 철선은 동판을 산화시켜 사용하였고, 나무는 울링이라는 비중이 높은 목재를 사용하여 마감하였다. 실내에 사용한 목재는 폐고재를 활용하여 마감하고 티크 및 오크를 탄화시켜서 각종 가구와 문들을 제작하였다.

이 주택에 사용된 모든 재료는 시간에 대한 감성을 담고 있다. 건축주가 살아가는 동안 그리고 세월이 흘러 사용자와 이용자가 이 건축물을 체험할 때 각각의 재료들은 자신의 변화를 통하여 새로운 오감을 가진 공간으로 구축되어 질 것이다. 이것은 하나의 살아있는 생명체이다.

이 작은 주택이 구도심과 신도심의 시간성에 대한 연결을 통하여 건축주의 삶을 담아낼 것이다.

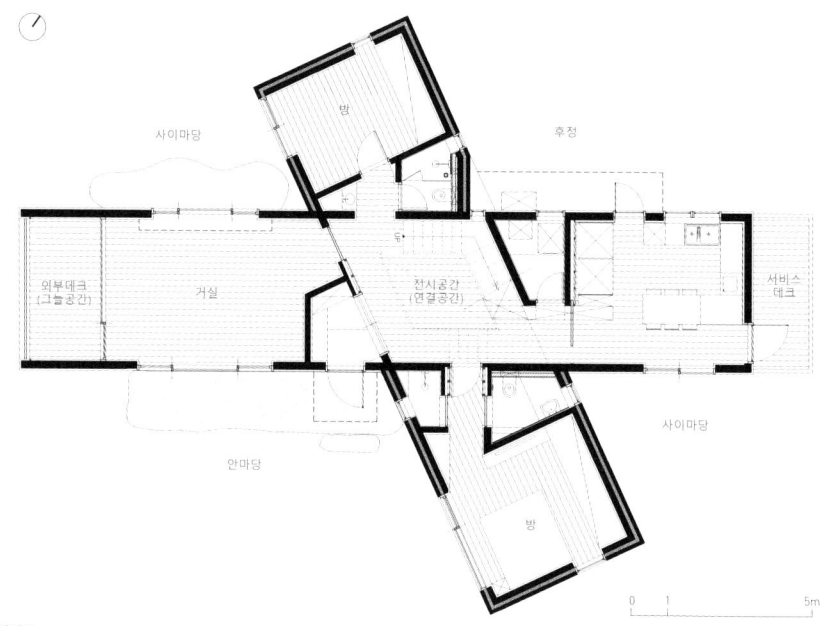

1층 평면도

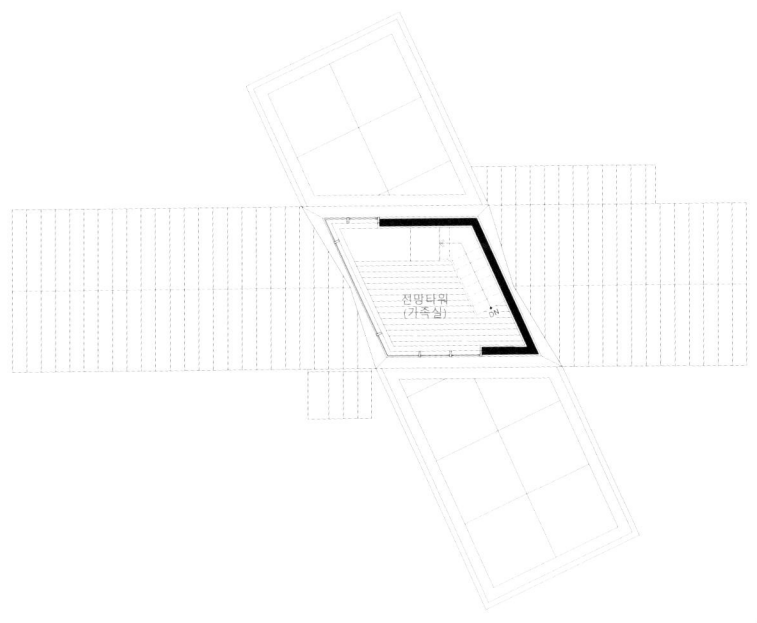

2층 평면도

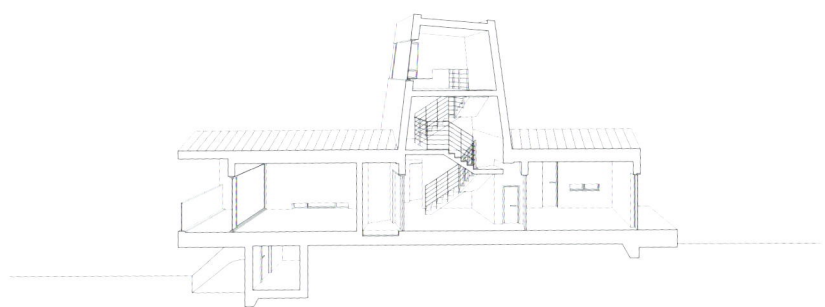

단면 투시도

연결공간 X 그늘공간 X 관계설정 X 중용적 공간

산전리주택 : 재료물성에 대한 탐구작업

대지위치
울산광역시 울주군 상북면 산전리

용도
단독주택

면적
대지면적 902.0m²
건축면적 177.55m² 연면적 171.22m²

규모, 구조
지상 2층, 철근콘크리트

마감
적삼목 탄화노출콘크리트,
거푸집 노출콘크리트

아파트 생활을 하던 건축주는 은퇴 후 제2의 인생인 노후를 전원에서 보내고 싶어했다. 이 프로젝트는 그들이 전원에서 살아갈 새로운 삶의 방식을 제안하는 것이었다.

이 주택이 자리한 대지는 남서쪽에서 북동쪽으로 6m 이상의 고저차가 있는 곳이다. 이렇게 고저차가 심한 자연환경과 주택의 관계를 어떻게 설정할 것인가. 이는 대지의 높이와 건축물의 기단부 그리고 내부에서의 단 높이 변화를 통해 이루어졌다.

이러한 높이 변화는 외부에서 시작하여 내부로, 다시 외부로 연결된다. 이 과정에서 내부에서는 외부의 변화를, 외부에서는 내부의 변화를 인지할 수 있다. 이렇게 높이 변화를 따라 순환하면서 자연스럽게 형성된 중정이 건축물 중앙에 생겼다.

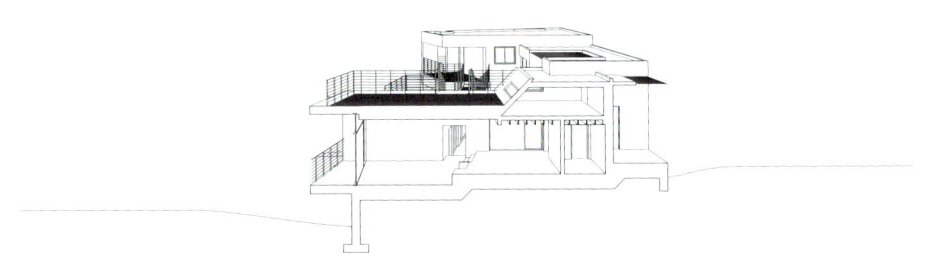

단면 투시도

높아지는 지형에 반하여 낮은 대지의 방향으로 건축물이 높아진 결과, 그 높이차로 인해 떠있는 매스가 형성되고 그늘공간이 만들어졌다.
동쪽 도로 쪽으로는 추후 주택단지가 형성될 것이고 서쪽 도로 쪽으로는 자연이 있고 도로 높이도 낮기 때문에 이렇게 떠 있는 매스를 만들어 하부에서 중정과 외부공간이 서로 연결되게 하였다. 이와 동시에 외부공간을 확장시키고자 하였다.

중정에서 그늘공간(누마루)과 높이차를
두어 각각의 공간에서 느끼는 공간감을
서로 다르게 하였고, 내부의 연결공간인
거실, 주방, 누마루방에서도 각각
다른 높이에서 공간을 느낄 수 있도록
하였다. 안방에서 하늘마당까지
연결되는 동선인 연결공간 또한 높이를
다르게 하여 각 위치마다 바라보이는
시각의 소점을 다르게 하였다.

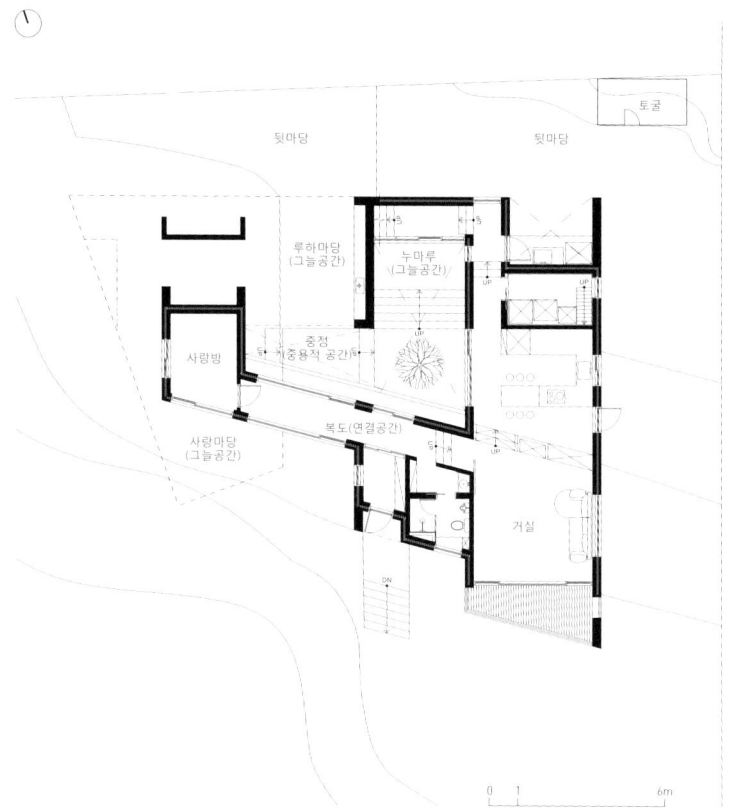

1층 평면도

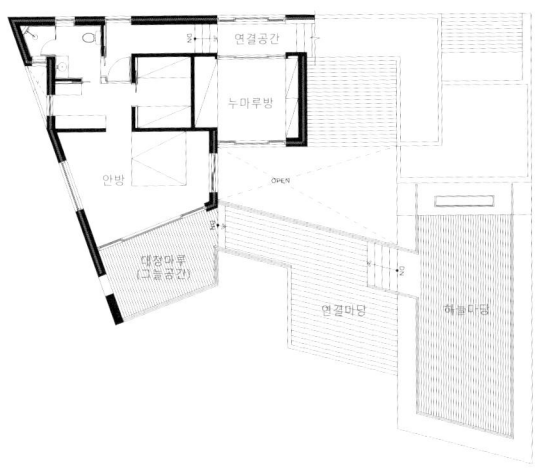

2층 평면도

안방은 정남향과 서쪽 대지 경계선 라인이 비슷하여 정남향으로 열린 공간을 설정하였다. 이를 통하여 대청마루에서 건축주가 바라보고 싶은 동쪽의 일출과 남쪽의 가지산과 신불산 간월래 쪽으로 그늘이 만들어지는 개방된 공간을 확보하였다. 연속성을 가진 외부공간들은 이 주택에서 높이의 정점 공간인 전망대 역할을 하는 하늘마당으로 연결된다. 이 과정 속에서 외부 연결공간의 하나인 연결다리는 그 높이를 낮게 하여 누마루와 누마루방에서 남쪽의 수려한 원경을 조망할 수 있게 하였다. 이로써 주변의 훌륭한 자연경관을 이 건축물 안으로 끌어 들이고자 하였다.

좋은 주택이란 사람에게 생각하는 공간을 많이 만들어 주는 것이라고 생각한다. 이 주택의 긴 동선 속에서 만들어진 다양한 생각의 공간이 건축주에게 깊은 사색과 풍요를 가져다주기를 희망한다. 이것이 건축주의 새로운 균형 잡힌 삶의 방식이 되어 질 것이다.

그늘공간 X 연결공간 X 관계설정 X 직감 아이디어 X 중용적 공간

클리프하우스 : 경사지를 활용한 주택

대지위치
울산광역시 울주군 두동면 은편리

용도
단독주택

면적
대지면적 569.0m²   건축면적 113.52m²
연면적 146.44m²

규모, 구조
지하 1층 ~ 지상 1층, 철근콘크리트

마감
적삼목 탄화노출콘크리트,
거푸집 노출콘크리트,
친환경 수성페인트, T14 깔리아

과학 및 의학의 발달로 사람의 수명이 길어지고 있는 지금, 이로 인해 사회에서는 여러 가지 담론이 진행 중이다. 얼마 전 토론프로그램에서 앞으로 사람의 기대 수명이 100살을 훨씬 넘어 120살이 되는 시기가 얼마 남지 않았다고 하는 것을 보았다. 이러한 시대가 오면 은퇴 후의 삶이 자신이 일해온 시간만큼 더 길어진다는 기대가 생기게 된다고 한다. 이는 남아있는 여생을 어떻게 살 것인가가 더욱 중요하게 되는 시기가 다가오고 있다는 것을 의미하기도 한다.

삶을 어떻게 살 것인가는 주거와 밀접한 관계가 있다. 젊어서 한창 경제 활동을 할 때보다 집에서 보내는 시간이 많아지는 노후의 삶은, 단순히 거주의 개념을 넘어서 삶의 방식과 얼마나 오랫동안 더욱 행복하게 살 것인가에 대한 개념이 주거 문화에 녹아 들어가야 한다. 건강한 삶을 위하여 좋은 음식을 챙겨 먹는 것처럼 건강한 행복을 위해 좋은 공간에서 사는 것이 무엇보다 중요하다.

좋은 공간이란 삶을 풍요롭게 하는 생각의 힘을 가진 다양한 공간이 많은 주거라고 생각한다. 클리프하우스는 기존 주거와 차별화된 다양한 공간을 가진 주거로써 노후의 삶을 건강하게 만들어 줄 하나의 제안이다.

클리프하우스는 은퇴하신 분과 은퇴를 앞두고 계신 건축주 부부가 기존 주택을
철거하고 노후를 준비하기 위해 새로운 삶의 터전을 마련하는 프로젝트였다.
전원주택은 늘 그러하듯, 작은 주택을 생각하는 건축주의 마음과는 다르게
현실적으로 요구되는 프로그램을 담기에 적지 않은 공간을 필요로 한다. 건폐율의
제한 때문에 건축주가 요구하는 공간들을 전부 수용하기 위해서 프로그램들을
수직적으로 구성하였다. 지상 2층으로 풀어가는 일반적인 방법과는 다르게,
계곡과 연결되는 외부 그리고 내부 지하공간을 구성하여 필요한 여러 프로그램을
다양한 공간구성 속에서 관계설정 하고자 하였다.

남쪽은 높은 근경의 산과 높은 위치의 인접 부지에 접한 반면 동쪽은 좋은 풍경의
원경을 가지고 있고 북쪽으로는 개발이 될 수 없는 이 대지만의 특징인 근경의
계곡풍경을 접하고 있어서 이를 활용한 대안을 제안하고자 하였다. 지상에서
지하로 연결된 외부 계단과 외부공간인 비밀의 정원은 이 주택에서 계곡을
개인 정원으로 사용하기 위한 연결공간 장치가 된다. 기존 대지의 높이 차이를
이용하여 공적영역과 사적영역으로 구분하였다. 이는 내부 연결통로(연결공간)를
통해 서로 연결되며 외부공간과 계곡이 서로 교차되는 동선으로도 소통하는
중용적 공간구성이다. 또한 규모가 작은 주택의 프로그램에 다양한 성격을 가진
큐빅과도 같은 외부공간을 수평과 수직적으로 끼워 넣어 내부에서도 외부와
소통하는 다양한 공간적 체험을 할 수 있도록 하였다. 이런 과정 속에서 공간의
변화를 인식할 수 있다.

능동적인 삶을 꿈꾸다

계곡을 향해 열려있는 지하 공간(취미실 및 창고)과 지하 비밀의 정원은 계곡의 풍경을 끌어 들여 지상공간처럼 활용되게 하였다. 지하공간의 일부분은 황토방에 불을 지필 수 있도록 높이를 조절하여 허리를 숙여서 힘들게 불을 지피는 것이 아닌 편안하게 서서 불을 지필 수 있는 아궁이로 활용하였다. 동쪽 풍경을 바라보고 싶어 하는 건축주의 의지를 반영하여 긴 선형매스 쪽으로 실들을 배치하니 채광에 문제가 생겼다. 이를 해결하기 위하여 황토방 쪽으로 외부 썬큰을 만들어 황토방과 지하공간의 채광을 동시에 해결하고 서재 및 방은 층고를 높게 하여 항상 햇빛이 들어오도록 고창을 설치하였다. 또한, 안방 앞에는 하늘만 보이는 안마당을 만들어서 도로 쪽에서의 프라이버시를 확보함과 동시에 채광을 해결하였다. 긴 동선 속에서 다양한 외부 공간들을 경험하고 주변의 다양한 풍경을 느끼도록 하였다. 긴 동선은 거주 하는 사람을 계속해서 움직이게 하는 힘을 가지고 있다. 이러한 과정 속에서 건축주는 다양한 시각을 경험을 하게 될 것이다. 또한, 건축주를 끊임없이 생각하게 만들어서 능동적인 삶을 유지할 수 있는 동기를 부여할 것이다. 이것이 바로 건강한 행복을 느끼게 만드는 공간의 힘이다.

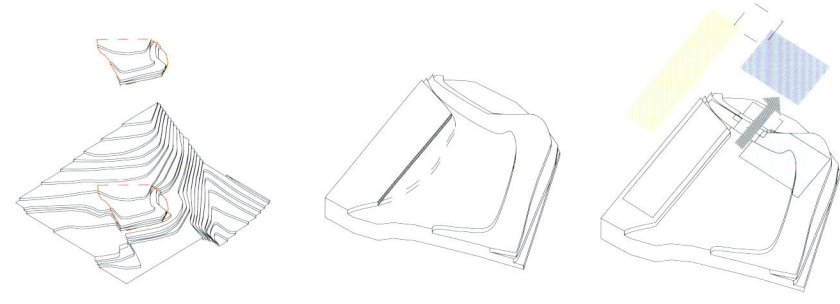

대지와의 관계설정

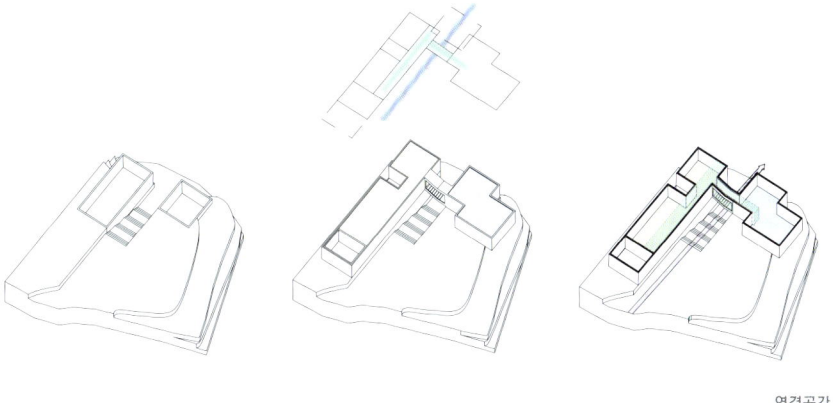

연결공간

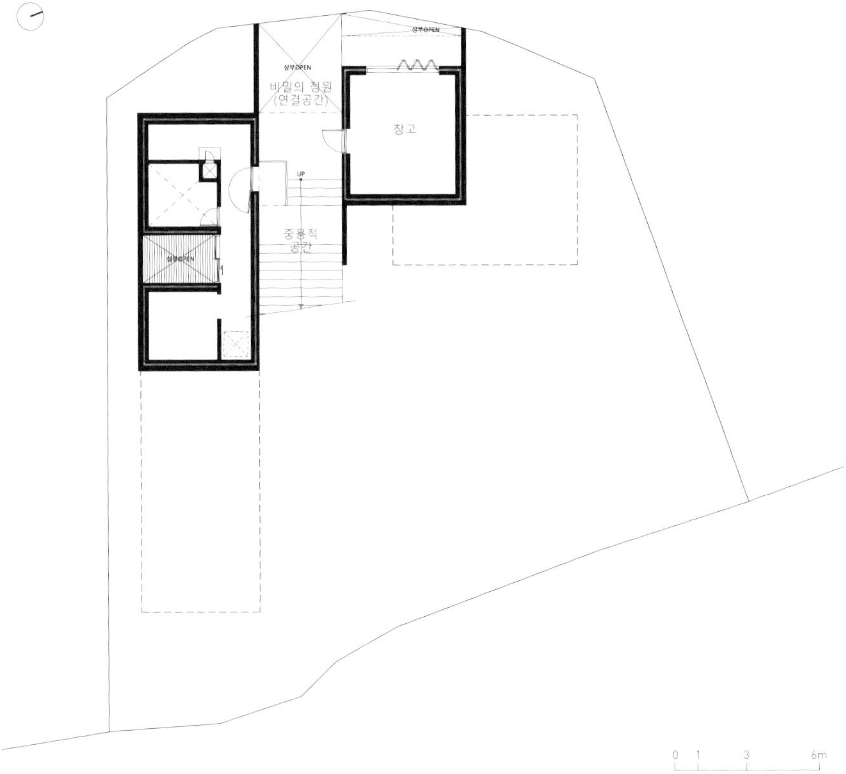

1층 평면도

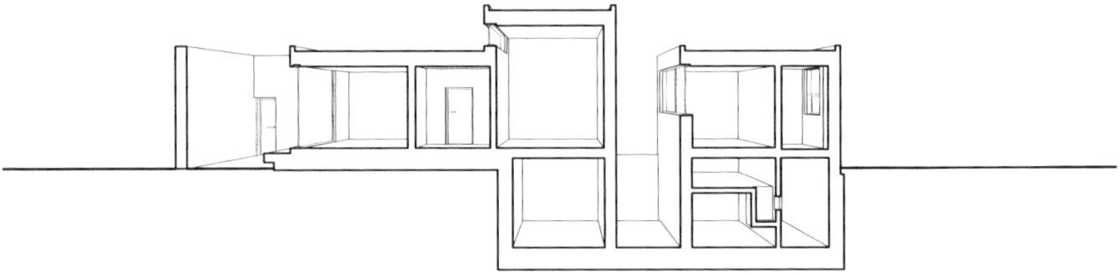

단면 투시도

ON ARCHITECTS. INC

OPEN
그늘공간
연결공간
거실
황토방
OPEN
연결
공간
중층적
공간
툇마루(연결공간)
DN
방
DN
안방
상부OPEN
안마당

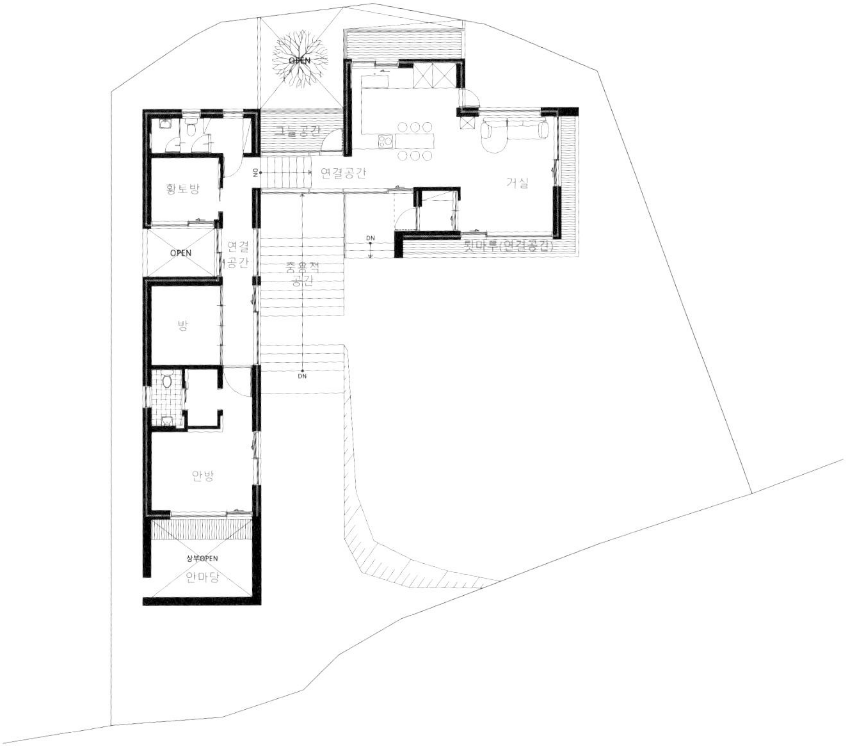

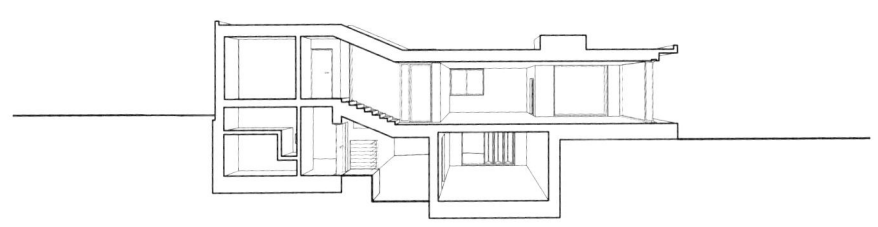

2층 평면도

단면 투시도

지하 공간으로 이어지는 외부계단은 노출콘크리트와 물성의 느낌을 같이하되 햇빛이 반사되는
빛의 깊이감이 바닥에서부터 시작되기를 희망하였다. 하여 화강석 돌을 인근에서 직접 구해
작업하였다. 완성될 때까지 건축주에게 이 재료를 사용하여야 하는 이유를 설득하는 것이
가장 힘든 작업이었지만 끝까지 신뢰하고 결정해주신 건축주분께 감사드린다. 또한, 주택이
완공되고 실제로 생활하시면서 가장 만족하신 공간이 되어 보람을 느낀다.
이렇듯 좋은 공간은 완성되기까지 건축가와 건축주의 많은 소통과 올바른 접근 방법이
필요하다. 정보의 시대에 걸맞게 많은 건축주분들이 인터넷에서 많은 정보들을 접하고 있다.
하지만, 이 정보의 정확성에 대하여 진지하게 생각해 볼 필요가 있다. 무분별한 정보가 오히려
건축주들을 혼란스럽게 하는 경우를 많이 접하기 때문이다. 무엇보다 가장 중요한 것은 자신이
선택한 건축가와의 신뢰 및 소통 관계이며, 서로에 대한 믿음이 좋은 공간을 만드는 데 중요한
역할을 한다. 좋은 주택은 건축주의 삶을 투영한 결과물이 되어야 한다고 생각한다.

관계설정 X 연결공간 X 중용적 공간 X 지역재생

▪ ◻ 점 : 상가주택과 기존 마을의 공존

대지위치
울산광역시 울주군 상북면 덕현리

용도
단독주택, 근린생활시설

면적
대지면적 416m² 건축면적 177.54m²
연면적 169.94m²

규모, 구조
지상 2층, 철근콘크리트

마감
적삼목 탄화/노출콘크리트

열심히 삶을 살아온 건축주분이 제2의 인생을 위해 도시 외곽으로 이주하였다. 이 프로젝트는 건축주가 작은 카페를 운영하며 거주할 주택에 대한 제안이자, 도심 외곽에서 자가 영업을 하는 상가주택이 기존 농촌 마을과 어떻게 관계를 설정하며 공존할지에 대한 고민의 결과물이다. 울산의 도심은 광역시임에도 불구하고 인프라 규모가 상대적으로 빈약하다. 광역시 중에서도 토지 면적이 넓음에도 군단위의 읍면 마을 규모의 영역 단위가 상대적으로 많이 형성되어 있어 은퇴자들이 외곽을 벗어나 정착하면서 경제활동을 영위하고자 하는 행위가 많이 생기고 있다.

읍면 중에서도 대상부지는 석남사로 가는 국도변 도로에 접한 마을의 진입로 코너 대지로, 도로 건너편에는 아주 오래된 당산나무 같은 큰 나무와 마을 정자가 있고 대상 주변의 마을 주택은 단층으로 형성되어 아주 평화로운 모습을 유지하고 있다. 이곳에 작은 주택과 건축주분이 혼자 운영할 작은 카페를 기존 마을에 융화된 평온한 현대 건축물로 구성하여 지역재생을 위한 하나의 가능성을 제안하고 싶었다.

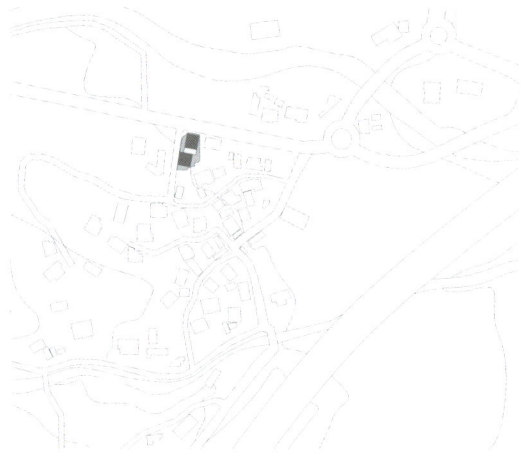

서로 다른 두 기능이 어떤 관계를 형성할지가 가장 중요한 개념이었다. 이 두 기능은 마을을 만드는 것처럼 서로 독립된 오브제로 분리하여 마을을 형성하는 하나의 개별적 요소로 구성하고 싶었다. 상가의 오브제는 존재하지 않는 투명한 공간으로 만들어 자연 속에 그저 장소로서 존재하는 열린 그늘공간으로 된 카페를 제안하였다. 국도 도로변에 위치한 대지의 성격을 고려하여 바리스타 영역을 마치 하나의 쇼윈도처럼 지나가는 차량들 속에서 바라볼 수 있도록 하였다.

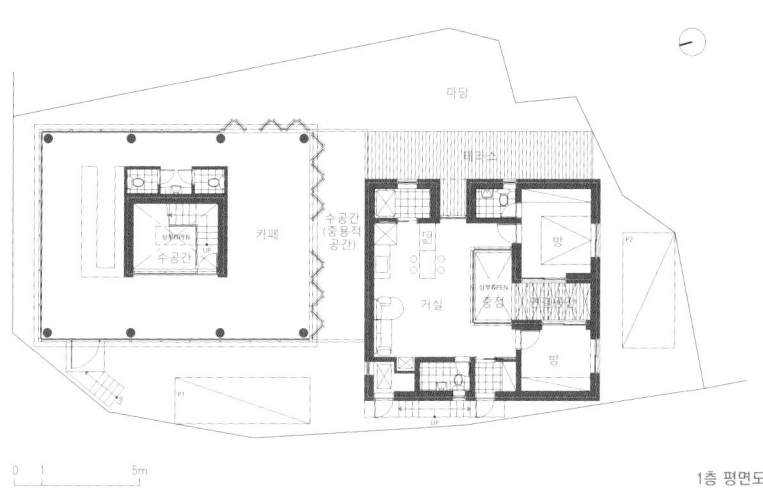

1층 평면도

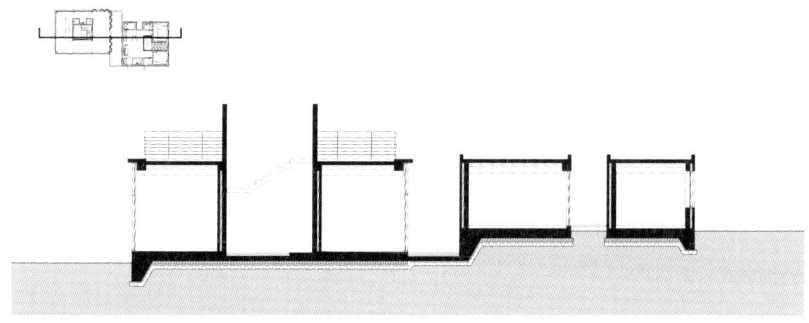

단면도

주거공간은 상업공간으로부터 프라이버시를 확보하기 위해 외부로부터 닫힌 공간 구성을
갖는다. 그리고 열린 공간 속에는 닫힌 빛의 중정을 두었고, 닫힌 공간 속에는 열린 빛의 중정을
두었다. 마을 속에서 점과 같은 속성의 오브제를 만들고 점 속에 또 다른 성격의 점을 삽입하여
관계를 설정한 것이다. 서로 대비되는 이 둘의 재료적 물성은 높이 차이가 나는 대지를 기준으로
수공간이라는 외부공간을 통해 서로 관계를 맺고 소통함으로써 마을의 일부가 된다.
이 건축물을 구성하는 요소에는 콘크리트, 유리, 물 그리고 바람이라는 물리적 및 자연적
요소만을 사용하였다. 카페에서 폴딩도어를 열어두고 바라보는 주택의 노출콘크리트와
수공간(중용적 공간)을 통하여 반사되는 간접 빛, 그리고 두 공간의 영역 사이에서 형성된
바람이 만들어내는 움직임의 흔적은 가장 단순화된 하나의 공간이 모든 것을 담을 수 있는
가능성의 탐구에 대한 제안이었다.
이 작은 건축이 우리의 지역 마을이라는 단위에 생기는 큰 건축보다 많은 가능성을 가진 위대한
존재일 수 있다는 인식의 변화를 기대한다.

(주)온건축사사무소

온건축 구성원

김남수
건축주와 마음을 나누고 그들이 원하는 삶을 나의 건축철학에 녹여 공간화 해주는 것을 보람으로 작업하고 있다.

정웅식
건축을 통하여 우리의 삶을 희망으로 바꾸는 다양한 가능성과 새로운 시스템을 발견하고 싶다. 건축의 무한한 가치 실현을 통하여 새로운 비즈니스 모델들을 실험하고 지속가능한 집단을 만들고자 한다. 지역에서 건축하는 토종 건축가들의 가치에서 작은 변화가 시작되기를 희망한다.

정수지
다른 사람들은 어떨지 모르겠지만, 건축업계의 사람에게 건축에 대해서 말해보라는 것은 가장 어려운 질문이다. 실무 3년 차의 눈에 비치는 건축은 건축가에 의해 만들어지는 것이 아닌, '관계' 속에서 만들어졌다. 건축주와 건축가 그리고 시공, 건축 허가 등 복잡하게 얽힌 관계들 속에서 적당함을 찾아내는 과정이 건축이라고 생각하며, 눈에 보이지 않고 설명 불가능한 '적당함'을 이해하는 것이 지금의 내 목표이다.

김혁기
어린시절 '예쁜 집에 살고싶다' 에서 어느날 '집을 짓고 싶다'로 나의 건축이야기는 시작되었다. 그런 이유에선지 매번 프로젝트가 시작될때마다 '이집이 내집이라면?' 이라는 생각으로 시작하게 된다. 클라이언트와의 소통을 매우 중요시 여기며, 더 많은것을 고민하며 한 단계 한 단계가 진행되면 어느덧 건축물이 완성된다.. 그리고 행복해 하는 건축주의 표정에서 최고의 보람을 느낀다.
설계과정에서 더 좋은 디자인.. 건축물이 지어지는 과정에서의 기술적인 해결능력, 클라이언트와의 교감... 그것이 내가 지금 그리고 앞으로도 가장 중요하게 생각하는 부분이다.

김민성

올해 고작 사십을 넘겼다. 이 계통에서 일한 지는 아직 만 10년을 채우지 못했다. 아직 갈 길이 멀다. 세상에는 수 많은 집들이 있다. 모두 나름의 역할을 하고 의미가 있겠지만, 내가 디자인하는 집에는 나만의 의미를 두려고 애쓰는 편이다. 설계에서 건축물이 완성되기까지의 모든 과정, 그 과정이 힘들고 괴롭다면 수 개월 간의 노력 끝에 탄생한 결과물 구석구석에 그에 대한 흔적들이 남아있다고 생각한다. 수십여 가지의 과정들이 서로 맞물려 돌아갈때, 한 사람 한 사람 모두가 즐겁고 행복한 마음으로 일할 수 있다면 그 건축물은 더 빛이 날 것이라고 확신한다. 사랑을 담은 요리가 더 맛이 있듯이 행복과 즐거움이라는 좋은 기억을 담은 건축물이 가지는 의미말이다. 내가 만들고 있는 이 주택은 누군가의 삶을 담을 그릇이기에, 그 그릇을 빚는 사람들의 행복과 에너지가 넘쳐 그 누군가에게 고스란히 전해졌으면 하는 바람이다.
또한, 건축물을 완성하기까지의 과정에서 그 시간을 처음부터 끝까지 함께하고 있는 클라이언트 역시 좋은 마음가짐을 가지신 분들이길 바라왔고, 다행히도 함께 프로젝트를 진행한 대부분의 분들과 좋은 결과물을 낼 수 있었다. 클라이언트와의 끊임없는 소통을 통해 의견을 귀담아 듣고, 사소한 것 하나까지 이해하고 해결해나가다 보면 항상 서로가 만족할 만한 성과를 이루었다. 소통의 부재, 불신, '이정도면 됐다'라는 자신과의 타협이 '그저 그런집' 이라는 불명예스러운 타이틀이 붙게 하는 것은 아닐까? 많은 실패와 시행착오 등을 항상 곱씹으며 오늘보다 내일 더 발전할 수 있기를 기대해 본다.

김영주

사실 유명한 건축가나 이런 것보다 내가 살 집은 내가 짓고 싶어 이쪽 일을 하게 되었다.
운이 좋았던건지 환경 좋은 건축 사무소에 입사하게 되어 하루하루 좋은 건축물을 만들어 가고 있다. 기본 지식도 많이 부족하고 경험도 부족해서 많은 일들을 처리해 나가지는 못하지만 하나하나 배워나가며 좋은 사람들과 함께 일하고 있다. 우리가 이루어 낸 하나의 건축물을 완공 후 바라보는 감동은 겪어보지 않고서는 알수 없다. 말로는 표현하기 힘든 그 감동이 좋아 이 일이 나의 목표를 바꿔 놓았다.

프로젝트마다 모든 오감을 동원하여 의미있는
결과물을 만들기 위해 최선을 다해주신
건축주 및 모든 파트너와 관계 기술자분들에게
감사의 마음을 전합니다.

온건축의 여정에 함께 해주신 분들

고실근	김용섭	배차호	이동주	정규홍
강경호	김유환	백이석	이미경	정영교
강보경	김은진	백형진	이상무	정진국
강영식	김정배	서윤호	이상봉	정진성
고영걸	김종갑	설순규	이선희	정충호
김경민	김종일	설주미	이승화	조대영
김경수	김준식	신익수	이언재	조용국
김규운	김진영	심유경	이인용	조해정
김기태	김충기	심장섭	이재설	주기홍
김달수	김태권	안규팔	이재철	차선구
김명석	김태혁	안승복	이정호	최규철
김명수	김호남	유병권	이진희	최병욱
김성욱	남신기	유지혜	이청흠	최상운
김소정	노기원	유지훈	이태우	최성호
김수진	박원술	윤지희	이태윤	최해흠
김순오	박인원	윤한솔	임병도	한영동
김영기	박종섭	이경재	장창욱	한재일
김영수	박형렬	이광대	정경숙	홍규영

(주)온건축사사무소

프로젝트 연혁

2008

다희가

2011

수니즈 네이처

거창 노인복지시설

2012

시티플라워

2014

Y 하우스

더블하우스

큐빅

2010

유연재

2013

온건축사사무소 작업실

썬라이즈-웨이브

2015	2016	2017	2018
타워하우스	클리프하우스	■ ▢ 점	트레인하우스
산전리주택	펜타곤	댄스빌딩	Low-G 하우스
프로젝트 용적률 게임	민휘정	스파이럴하우스	이이정
H 하우스	Du-Kip 하우스	트위그하우스	
허니콤			

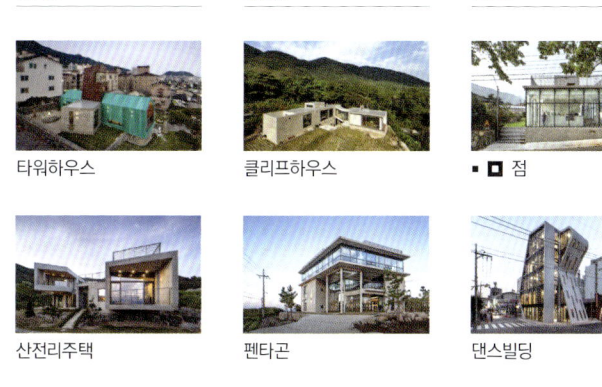

에필로그

삶의 어느 시점이 오면 자기 자신을 설명할 수 있는 하나의 단어를 찾아야 한다는 글귀를
읽은 적이 있다. 건축가에게도 자신의 생각과 작업 철학이 무엇을 향해 있는지 어필해야
하는 순간이 분명히 찾아온다. 온건축의 정웅식 소장에게는 지금이 그 시기가 아닌가 싶다.
이 책은 온건축의 궤적을 따라 만들어졌다. 한 작품, 한 작품 쌓아온 그간의 발자취를
돌아보면서 공간을 구성하는 주요 건축 개념과 이를 뒷받침하는 그들만의 작업을 함께
정리했다. 다소 몇몇 개의 건축적 어휘가 생소하게 다가올 수 있겠지만, 그 공간을 직접
체험한다면 쉽게 이해할 수 있는 이미 우리 삶에 녹아든 자연적인 공간개념임을 이야기하고
싶다.

건축가는 건축물로 자신의 메시지를 전한다. 그러나 이 책은 온건축이 만들어낸 수많은
공간 속에 숨어있는 건축가의 최초의 생각, 그 시작점을 끄집어 내기 위한 작업에서부터
시작되었다. 물론 아직도 다 담지 못한 이야기가 남아있다. 그 남은 이야기들은 앞으로의
건축작업과 함께 더욱 숙성되어 다음 시리즈의 책으로 다시 정리될 것이다.

지난 10여 년의 생각의 흔적을 끊임없이 요구한 에디터들에게 정웅식 소장이 쥐어준 단어는
'손'이다. 그는 한 사람, 한 사람의 손이 모여 만들어지는 건축작업의 특성을 매우 중요하게
여긴다. 여기서 '손'은 사람의 손을 통해 창의적인 작업이 이루어지는 과정을 말한다.
건축가의 계획과 여러 사람의 손이 모여 만들어지는 건축과정이 바로 이 책이 말하는
'디자인 메이드'이다.

생각해보면 건축만큼 수공예적인 예술작품도 없다. 사람의 손끝을 거치는 일은 마음이
다하지 않고서야 그 아름다움이 묻어나기 힘든 일이다. 지금의 건축물들이 시간이 지날수록
아름다움을 더해가는 것은 건축가를 포함하여 많은 작업자분들이 마음을 다해 손수 지었기
때문일 것이다.

'디자인 메이드'를 위해 진정성 담긴 생각들을 풀어낸 온건축 식구들과 좋은 건축물을
위해서 소중한 손을 보탠 작업 관계자분들께 진심 어린 존경의 박수를 보낸다.

글: 에뜰리에

**사진 저작권

©윤준환

1, 19, 21, 43, 49, 56, 58, 59, 60, 61, 68-133, 136, 137,

140(시티플라워, Y하우스, 더블하우스, 큐빅), 141

©온건축

25, 30, 31, 33, 35, 42, 47, 48, 49, 52, 53, 54, 55, 62, 63, 137, 138,

140(다희가, 유연재, 수니즈 네이처, 거창 노인복지시설)

©이재철

38, 140(온건축 작업실, 썬라이즈-웨이브)

©에뜰리에

17

지은이 정웅식　**사진** 윤준환　**펴낸곳** 에뜰리에(E'telier)

등록번호 2018년 6월 29일 제2018-000075호　**ISBN** 979-11-965185-0-9

기획·제작 에뜰리에　**디자인** 신민기, 에뜰리에　**정가** 12,000원

디자인 메이드 ON ARCHITECTS. INC
2018년 11월 1일 초판 발행

(주)온건축사사무소 On Architects
울산광역시 울주군 범서읍 입암길 90-6
www.on-u.kr
on@on-u.kr
052-211-1773

에뜰리에 E'telier
www.etelier.kr
etelier.publishing@gmail.com

*저작권법에 의하여 보호를 받는 저작물이므로
 어떤 형태로든 무단 전재와 무단 복제를 금합니다.

Published by E'telier